Adolf Hofmann

Leitpflanzen der paläozoischen Steinkohlenablagerungen in Mitteleuropa

Adolf Hofmann

Leitpflanzen der paläozoischen Steinkohlenablagerungen in Mitteleuropa

ISBN/EAN: 9783337149673

Hergestellt in Europa, USA, Kanada, Australien, Japan

Cover: Foto ©berggeist007 / pixelio.de

Weitere Bücher finden Sie auf **www.hansebooks.com**

Leitpflanzen

der

palaeozoischen Steinkohlenablagerungen

in Mittel-Europa.

Von

A. Hofmann und Dr. F. Ryba.

Mit 20 Tafeln.

PRAG 1899.

J. G. Calve'sche k. u. k. Hof- und Universitäts-Buchhandlung.

Josef Koch.

Druck von Carl Bellmann in Prag

Vorwort.

Wenn auch, wie allgemein anerkannt, die Flora der Steinkohlen führenden Schichten für die Stratigraphie von hervorragender
Wichtigkeit ist, so mangelt es trotzdem heute immer noch an
einem Sammelwerke, welches die rasche Bestimmung der, den verschiedenen Schichten der Carbon- und Permformation eigenthümlichen,
am häufigsten vorkommenden Pflanzenreste — der Leitpflanzen —
ermöglichen würde. Diesen Mangel empfindet schwer der Geologe
und nicht minder der Bergmann.

Von Prof. Dr. E. Weiss besitzen wir zwar ein kleines treffli-
ches Tafelwerk „Aus der Flora der Steinkohlenformation," welches
in der kürzesten Zeit auch allgemeine Verbreitung fand, trotzdem
es die alterhäufigsten Species nur z. Th. enthält. Eine neue er-
gänzte Auflage wäre sicherlich sehr willkommen und „wünschens-
werth gewesen, leider blieb dieselbe aus.

Ich würde mich nie an diese Arbeit gewagt haben, hätte ich
nicht von verehrten Fachgenossen und Bergleuten Ermuthigungen
und directe Aufforderung zur Verfassung eines solchen Tafelwerkes
erhalten haben.

Als nun in den letzten Jahren die Lehrkanzel für Geologie
an der k. k. Bergakademie in Příbram umfangreiche Sammlungen
aus dem Carbon von Böhmen erworben hat, insbesondere die
„Collectio Wagner," aus dem Nachlasse des ehemaligen Directors
von Miröschau, und die nicht minder werthvolle Collection der
Bergdirection der Prager Eisen-Industrie-Gesellschaft, welche viele
Hunderte Prachtexemplare enthält, reifte während der Durchführung

der Revision der Feistmantel'schen Bestimmungen dieser Sammlungen in mir und meinem Assistenten Herrn F. Ryba den Vorsatz, ein Tafelwerk der Steinkohlenflora von Mittel-Europa erscheinen zu lassen.

Der Umstand, dass sowohl die vielen typischen als auch die diverse Erhaltungsstadien zeigenden Originalien, die uns zu Gebote standen, selbst von der tüchtigsten Künstlerhand mit der erforderlichen Naturtreue nicht wiedergegeben werden können, hat uns bewogen, die einzig richtige Methode der Reproduction, d. i. directe Photographie ohne nachträgliche Retouche und deren Vervielfältigung durch Lichtdruck, zu wählen. — Der Text ist mit Absicht nur sehr kurz gehalten. In der eigentlichen Charakteristik der Gattungen und Species wurde nur das Wichtige, was zur Bestimmung derselben nöthig erscheint, aufgenommen. Da es sich bei der vorliegenden Arbeit weder um eine Kritik noch auch um eine Redaction der, von verschiedenen Autoren aufgestellten Species, sondern lediglich um eine übersichtliche Zusammenstellung aller für den Geologen und Bergmann wichtigen Arten handelte, wurde auch deshalb die schon eingebürgerte Nomenclatur beibehalten.

Bei der Wahl der Species wurden alle paläozoischen Steinkohlen-Ablagerungen in Mittel-Europa und die in ihnen häufiger vorkommenden, zur Horizontbestimmung als charakteristisch anerkannten Arten insbesondere berücksichtigt.

Um den vielen Wiederholungen der Fundortsangaben vorzubeugen, ist die horizontale und verticale Verbreitung der einzelnen Species, sowohl im Carbon als auch im Perm, in Tabellen zusammengefasst, welche sich am Ende des Textes befinden. —

Bevor wir zum eigentlichen Gegenstande übergehen, sei es uns schliesslich gestattet, an dieser Stelle dem hohen Präsidium des „Museum Regni Bohemiae" für die gütige Überlassung einiger Originalien unseren ergebensten Dank auszusprechen.

Auch dem Herrn J. Mos, Privatier in Přibram, welcher mit unermüdlichem Eifer bemüht war, bei der Herstellung der Photographien hervorragend mitzuwirken und seine diesfälliges reichen Erfahrungen uns in uneigennützigster Weise zur Verfügung zu stellen, sind wir zum wärmsten Danke verpflichtet.

Přibram, im October 1899.

Systematische Eintheilung der palaeozoischen Pflanzenwelt.

A. *Sporophyta, Sporenpflanzen = Kryptogamen.*
  I. Gruppe: *Thallophyta, Lagerpflanzen:*
    1. Cl.: *Algae, Algen.*
    2. Cl.: *Fungi, Pilze.*
  II. Gruppe: *Bryophyta, Moose.*
  III. Gruppe: **Pteridophyta.** *Gefässkryptogamen.*
    1. Cl.: **Equisetinae:**
      1. Fam.: *Equisetineae.*
      2. Fam.: Calamarieae.
    2. Cl.: Sphenophylleae.
    3. Cl.: Filices, *Farne.*
    4. Cl.: Lycopodinae:
      1. Fam.: *Lycopodineae.*
      2. Fam.: **Lepidodendreae.**
      3. Fam.: Sigillarieae.
      4. Fam.: Stigmarieae.

B. *Spermophyta, Samenpflanzen = Phanerogamen.*
  I. Gruppe: **Gymnospermae.** *Nacktsamige Blüthenpflanzen:*
    1. Cl.: Cordaiteae.
    2. Cl.: **Cycadaceae.**
    3. Cl.: **Coniferae.**

Literaturverzeichnis.

Achepohl, L. 1. Das niederrheinisch-westphälische Steinkohlengebirge, Atlas d. foss. Fauna und Flora in 40 Blättern nach Orig. photographiert.

Andrae, C. J., 1. Verzeichnis der in d. Steinkohlenformation bei Wettin und Löbejün vorkommenden Pflanzen. Viaedebonae 8°, 627 p., 1850.

2. Vorweltl. Pflanzen aus d. Steinkohlengeb. d. preuss. Rheinlande u. Westphalens. Erstes Heft mit 5 Tafeln. Bonn 1865. (Fol.)

3. Bemerkungen zu Steinkohlenpflanzen. Verh. d. naturhist. Ver. f. Rheinl.-Westph. Bonn 1879, p. 200. Corr.-Blatt. p. 104.

4. Über die Stellung d. Gattung Sphenophyllum. Verh. d. naturh. Ver. f. Rheinl.-Westph. Bonn 1879, p. 293.

Andrae, R., 1. Die Versteinerungen d. Steinkohlenformat. von Stradonitz in Böhmen. Hierzu Taf. IV. N. Jahrb. Jahrgg. 1864, p. 160—167.

2. Beitrag zur Flora v. Stradonitz. In Leonhard u. Bronn, N. Jahrb. etc., p. 125. 1864.

Artis, E. T., 1. Antediluvian phytology, illustrated by a collection of the fossil remains of Plants peculiar to the coal formation of Great-Britain etc, with 25 Plates. London 4°. 1838.

Balfour, J. H., 1. Introduction to the study of palaeontological botany; with four lithographic plates and upwards of 100 woodcuts. Edinburgh 1872. 8°, 100 p.

Berger, Reich., 1. De fructibus et seminibus ex formatione Bituminosa. Dissertatio inauguralis. Vratislaviae 1848 cum tab. tab.

Bergeron, J., 1. Note sur les strobiles du Walchia piniformis. Bull. de la soc. géologique de France. Sér. 3. vol. 12. (1883—1884), p. 583, t. 27. n. 28.

Bertrand et Renault, B., 1. Caractéristique de la tige des Pyroxylées (Gymnospermes fossiles de l'époque houillère). Comptes rendus de l'Acad. 17. Mai 1886.

Beyschlag, F., 1. Rhacopteris sarana Beyschlag. Zeitschr. f. d. gesammten Naturwissensch., herausg. v. d. naturw. Verein f. Sachsen u. Thüringen in Halle. Folge IV, Vol. 1 (55) 1882, p. 411 seq.

1

Binney, E. W. a. Harkness, R., 1. Description of the Dukinfield
    Sigillaria. Quarterly Journal of the geol. soc. of London.
    Vol. 2 (1846), p. 390 seq.
Binney, E. W., 1. Some observations on Stigmaria ficoides. Quarterly
    Journal of geol. soc of London. Vol. 15. (1859), p. 17 seq.
    2. On some fossil plants showing structure from the lower coal
        measures of Lancashire. Quarterly Journal of the geol. soc.
        of London. Vol. 18 (1862). p. 106 seq.
    3. A description of some fossil plants showing structure found in
        in the lower coalfields of Lancashire and Yorkshire. Philoso-
        phical Transactions. Vol. 155 (1865), p. 579 seq.
    4. Observations on the structure of fossil plants found in the
        carboniferous strata. London 1868—1875. (Palaeontogra-
        phical Society).
        Part I. Calamites and Calamodendron 1868, p. 1—32 t. 1—6.
            II. Lepidostrobus and some allied cones 1871, p. 33—62.
                t. 7—12.
            III. Lepidodendron 1872, p. 63—96, t. 13—18.
            IV. Sigillaria and Stigmaria 1875, p. 97—147, t. 19—24.
Boulay, N., 1. Le terrain houiller du Nord de la France et ses
    végétaux fossiles. Lille 1876. Mit 4 photograph. Tafeln.
Braun, A., 1. Über fossile Goniopteriaceten. Zeitschr. d. Deut. geol.
    Gesellsch. Bd. 4, 1852, p. 645.
Brongniart, A., 1. Sur la classification et la distribution des végétaux
    fossiles en général etc. Mémoires du Muséum d'hist. nat. Vol.
    8 (1822), p. 203 seq.
    2. Prodrome d'une histoire des végétaux fossiles. Paris 8°. 1828.
    3. Considérations sur la nature des végétaux, qui ont couvert la
        surface de la terre aux diverses époques de la formation de
        son écorce. Ann. sc. nat. Tom. XV., 225 seq 1828.
    4. Histoire des végétaux fossiles. Paris 1828—37. 8°.
    5. Observations sur la structure intérieure du Sigillaria elegans,
        comparée à celle des Lepidodendron et des Stigmaria et à celles
        des végétaux vivants. Archives du Muséum d'hist. nat. Vol. 1.
        (1839), p. 405 seq.
    6. Sur les relations du genre Noeggerathia avec les plantes vi-
        vantes. Comptes rendus de l'Acad. des sc. de Paris. V. 21
        (1845), p. 1392 seq.
    7. „Végétaux fossiles" in Dictionnaire universel d'histoire nat.
        dirigé par M. Charles d'Orbigny. Vol. 12. Paris 1849,
        p. 52 seq.
    8. Tableau des genres des végétaux fossiles, considérés sous le
        point de vue de leur classification botanique et de leur distri-
        bution géologique. 8°. Paris 1849.
        (Extrait du dictionnaire universel d'hist. nat.)
    9. Notice sur un fruit de Lycopodiacées fossiles. Comptes rendus
        de l'Acad. V. 67, 17. aug. 1868.
    10. Recherches sur les graines fossiles silicifiées. Paris 1881.

Brown, Rich. 1. On a group of erect fossil trees in the Sydney Coalfield of Cape Breton. Quarterly Journ. geol. soc. of London. V. 2. (1846), p. 393 seq.

2. Description of an upright Lepidodendron with Stigmaria roots in the roof of the Sydney main coal in the island of Cape Breton. Quarterly Journal geol. soc. of Lond. Vol. 4 (1848).

3. Erect Sigillariae with conical taproots found in the roof of the Sidney main coal in the island of Cape Breton. Quarterly Journal geol. Soc. of London. Vol. 5. (1849), p. 354.

Bunbury, J. F. 1. Auszüge aus Corda's Beiträgen zur Flora der Vorwelt 1845.
In: Quarterly Journal of the geol. soc., illustrated. London 1846. Translations and notices p. 119—126.

2. On fossil plants from the coal formation of Cape Breton.
Quart. Journal geol. soc. Vol. III (1847), p. 423—438, t. 21—24.

Carruthers, W., 1. On an undescribed cone from the carboniferous beds of Airdrie, Lanarkshire. Geol. Magazine. Vol. 2 (1865), p. 433 seq.

2. On the structure of the fruit of Calamites. Seemanns Journal of Botany. Vol. 5 (1867), p. 349 seq.

3. On the structure of the stems of the arborescent Lycopodiaceae of the Coal measures. Monthly microscopical Journal. Vol. 2 (1869), p. 177 seq. et p. 225 seq. t. 27. 31.

4. The cryptogamic forests of the Coal Period. Geol. Mag. Vol. VI, p. 289—300, 1869.

5. On the Plant Remains from the Brazilian Coal Beds, with remarks on the Genus Flemingites. Geol. Mag. Vol. VI, t. 5—6, 1869.

6. On the nature of the scars in the stems of Ulodendron, Bothrodendron and Megaphytum with a synopsis of the species found in Britain. Monthly Microsc. Journal. Vol. 3 (1870), p. 145 seq.

7. Notes on fossil plants from Queensland, Australia. Quart. Journ. geol. soc. Vol. XXVIII, p. 350—359, t. 26. 27, 1872.

8. On Halonia of Lindley and Hutton and Cyclocladia of Goldenberg. Geol. Mag. Vol. 10 (1873), p. 145 seq.

Cocmans, E. et J. J. Kickx, 1. Monographie des Sphenopteridum d'Europe. Bulletin de l'Acad. roy. de Belgique. Sér. 2, vol. 18 (1864), p. 134 seq.

Corda, A. J., 1. Diploxylon, ein neues Geschlecht verweltl. Pflanzen. Verhandl. d. Geselbch. d. vaterl. Museums zu Prag 1839, p. 20—26.

2. Zur Kunde der Carpolithen. Ibid. 1841, p. 95—110.

3. Beiträge zur Flora der Vorwelt. Prag 1845.

Cotta, Dr. Carl Bernard, 1. Kohlenpflanzen von Brandau. Neues Jahrb. f. Min., Geol. etc. 1854, p. 565.

1*

Dawes, J. S., 1. Remarks upon the internal structure of Halonia. Quarterly Journal of the geol. soc. of London. Vol. 4 (1848), p. 289 seq.

Dawson, J. W., 1. Notice of the occurrence of upright Calamites near Picton, Nova Scotia. Quarterly Journal of the geol. soc. of London. Vol. 7 (1851), p. 194 seq.

2. On the lower coal measures as developed in British America. Quarterly Journal of the geol. soc. Vol. 15 (1859) p. 62 seq.

3. On the conditions of the deposition of coal, more especially as illustrated by the coal formation of Nova Scotia and New Brunswick. Ibid. Vol. XXII. p. 95—166, t. 6—13, 1866.

4. On the structure and affinities of Sigillaria, Calamites and Calamodendron. Ibid. Vol. 27 (1871), p. 147 seq.

5. Report on the fossil plants of the lower carboniferous and millstone grit formations of Canada. (Geol. Survey of Canada. A. R. C. Selwyn, Director). Montreal 1873, 8°, 47 p. 10 Taf.

Draper, D., 1. On the Occurrence of Sigillaria, Glossopteris etc. in South Africa. Quart. Journal of the geol. soc. of London 53. 3. Nro. 211.

Ebray, Théoph., 1. Végétaux fossiles des terrains de transitions du Beaujolais. Paris, Lyon 8°, 20 p., 11 Tab. u. 1 Karte. 1868. Extrait des Annales de la Soc. des sciences industrielles de Lyon.

von Eichwald, E., Lethaea rossica. Stuttgart 1853—68.

von Ettingshausen, Const., 1. Die Steinkohlenflora von Stradonitz. Abhandl. d. k. k. geol. Reichs-Anstalt zu Wien Vol. 1, Abth. 3. (1852). Vorbericht hierüber im Jahrb. d. geol. Reichs-Anstalt 1852 (IV), 129.

2. Die Steinkohlenflora von Radnitz in Böhmen. 1861. 1. Bd. 3. Abth., Nro. 4. Mit 6 Lithograph. Taf. F.-G. 8° p. 1852. 3. Bd., 3. Abth. Nro 3. Vol. 74 p. mit 29 Taf. 1854.

3. Beitrag zur näheren Kenntnis der Calamiten. Sitzber. d. k. k. Akademie zu Wien. Math.-naturw. Cl. Vol. 9 (1859), p. 684 seq.

4. Die fossile Flora des mährisch-schlesischen Dachschiefers mit 7 lithogr. Taf. u. 15 in den Text gedruckten Zinkographien. Wien 4°, 40 p. 1865. — Besonders abgedruckt aus dem XXV. Bde. der Denkschr. d. mathem.-physik. Classe der k. k. Akademie d. Wissenschaften zu Wien.

Feistmantel, K., 1. Über die Steinkohlenbecken von Radnic in Böhmen. Sitzber. d. kgl. böhm. Ges. d. Wiss. 1860. II. p. 12—19. Abhandl. d. kgl. böhm. Gesellsch. d. Wissensch. 1860 (V. Reihe), II. Bd. p. 327—351.

2. Beobachtungen über einige fossile Pflanzen aus dem Steinkohlenbecken von Radnic. Abhandl. d. k. böhm. Gesellsch. d. Wissensch. VI. Folge, 2 Bde., 1868.

3. Über Steinkohlenlager in der Umgebung von Radnitz. Archiv f. naturhistorische Durchforschung von Böhmen. 1. Bd. Geol. Section. Prag 1870, 84 p., 24 Abbild. im Text. Taf. I u. II.

4. Die Steinkohlenbecken bei Klein-Přílep, Lisek, Stiletz, Holoubkau, Miröschau u. Letkow. Ibid. Bd. II, 1872.

5. Beitrag zur Kenntnis der Steinkohlenflora in d. Umgegend von Rakonitz. Lotos 1872. Jännerheft.

6. Nachtrag zur Steinkohlenflora des Miröschauer Beckens. Ibid. 1873.

7. Über die Noeggerathien und deren Verbreitung in der böhm. Steinkohlenformation. Sitzber. d. k. böhm. Ges. d. Wissensch. in Prag. Jahrgg. 1879, p. 75 seq.

Feistmantel, O., 1. Über Pflanzenpetrefacte aus dem Nürschauer Gasschiefer, sowie seine Lagerung und sein Verhältnis zu den übrigen Schichten. Sitzber. d. k. böhm. Gesellsch. d. Wissensch. 1870.

2. Über Fruchtstadien fossiler Pflanzen aus d. böhm. Steinkohlenformation. Sitzber. d. k. böhm. Gesellsch. d. Wissensch. 1871.

3. Steinkohlenflora von Kralup in Böhmen. Mit 4 Tafeln. Abhandl. d. k. böhm. Gesellsch. d. Wissensch. VI. Folge, 5. Bd. Prag 1871, 4°, 38 p.

4. Über Fruchtstadien fossiler Pflanzen aus d. böhm. Steinkohlenformation. Ibid. 1872, mit IV Taf.

5. Über Pflanzenreste aus dem Steinkohlenbecken von Merklin. Sitzber. d. k. böhm. Gesellsch. d. Wissensch. 1872.

6. Beitrag zur Kenntnis der Ausbildung des sog. Nürschauer Gasschiefers und seiner Flora. Jahrb. d. k. k. geol. Reichs-Anstalt, 1872, 3. Heft.

7. Über die heutige Aufgabe der Phytopalaeontologie. Verhandl. d. k. k. geol. Reichs-Anstalt, 1873. April.

8. Über die Verbreitung und geologische Stellung der verkieselten Araucaritenstämme. Verhandl. d. k. böhm. Gesellsch. d. Wissenschaften 1873.

9. Kleine palaeontologisch-geologische Mittheilungen. Lotos 1873.

10. Übersichtliche Darstellung der Fundorte von böhmischen Steinkohlenpetrefacten. Lotos 1873.

11. *Versteinerungen der böhmischen Kohlenablagerungen. Cassel 1874—1876.*

12. Kleine palaeontologisch-geologische Mittheilungen. (Fortsetzung.) Lotos 1874.

13. Über Baumfarnreste der böhm. Steinkohlen-, Perm- und Kreideformation. Abhandl. d. k. böhm. Gesellsch. d. Wissensch. 6. Folge, Bd. 6 (1873). Prag 1874.

14. Steinkohlen- u. Permablagerung im Nord-Westen von Prag. Abhandl. d. k. böhm. Gesellsch. d. Wissensch. Prag 1874, mit 2 Tafeln.

15. Bemerkungen über die Gattung Noeggerathia Sternb., sowie die neuen Gattungen Noeggerathiopsis Feistm. u. Rhiptozamites Schmalh. Sitzber. d. k. böhm. Gesellsch. d. Wissensch. in Prag. Jahrgg. 1879, p. 444 seq.

Felix, J., 1. Studien über fossile Hölzer. Inaug.-Dissert. Leipzig 1882.

    2. Strucinzeigende Pflanzenreste aus der oberen Steinkohlenformation Westphalens. Berichte d. Naturf.-Gesellschaft zu Leipzig. Jahrgg. 1885, p. 7 seq.

    3. Untersuchungen über den inneren Bau westphälischer Carbon-Pflanzen. Königl. preussische geol. Landesanstalt, Berlin 1886.

Fiedler, 1. Fossile Früchte der Steinkohlenformation.

    Nova Acta Leop. Carol. XXVI, p. 241—296. Tab. 21—28. Referat in Leonhard u. Bronn, N. Jahrb. etc. p. 265.

Fischer, Ed., 1. Oogonien. Mitth. d. Naturf.-Ges. in Bern 1895.

Fontaine and White, 1. Perm a. Upper Carbonif. Flora 1880.

    2. Second geological survey of Pennsylvania PP. The permian or upper carboniferous Flora of West Virginia and SW. Pennsylvania. Harrisburg 1880.

Geinitz, H. B. Dr., 1. *Darstellung der Flora des Hainichen-Ebersdorfer und Flöhaer Kohlenbassins im Vergleich zu der Flora des Zwickauer Steinkohlengebirges. Eine von der fürstlichen Jablanowskischen Gesellschaft gekrönte Preisschrift, mit 11 Kupfertafeln. Text gr. 8°, 70 p., die Tafeln Fol. 1854.*

    2. *Die Versteinerungen der Steinkohlenformation in Sachsen. Leipzig 1855. Fol. mit 36 Tafeln.*

    3. Geognostische Darstellung d. Steinkohlenformation in Sachs. 1856.

    4. *Die Leitpflanzen des Rothliegenden u. des Zechsteingebirges oder der permischen Formation in Sachsen. (Separatabdruck aus dem Oster-Programm der königl. polytechn. Schule in Dresden. Mit 2 Steindrucktafeln.) Leipzig 4°. 27 p. 1858.*

    5. Über das Vorkommen der Sigillarien in der unteren Dyas oder dem unteren Rothliegenden. Zeitschr. d. Deutsch. geol. Ges. Bd. XIII, 1861.

    6. *Dyas od. die Zechsteinformation und das Rothliegende. Heft II. Die Pflanzen der Dyas u. Geologisches. Mit 19 Steindrucktafeln. Leipzig 1862.*

    7. Über zwei neue dyadische Pflanzen. Jahrb. f. Mineralogie etc. 1863, p. 525.

    8. *Die Steinkohlen Deutschlands und anderer Länder Europas. Ihre Natur, Lagerungsverhältnisse, Verbreitung, Geschichte, Statistik und technische Verwendung. Mit einem Atlas von 28 Karten. München 1865. I Bd. Geologie.*

    9. Über einige seltene Versteinerungen aus der unteren Dyas und der Steinkohlenformation. Leonhard u. Bronn, Neues Jahrb. f. Mineralogie etc. Jahrgg. 1869, p. 385 seq.

    10. Beiträge zur älteren Flora und Fauna. Mit Tafel III.

        (1. Die fossile Flora in der Steinkohlenformation von Portugal nach A. B. Gomez.)

(2. Über organische Überreste aus der Steinkohlengrube
Arnao bei Avilés in Asturien.)
Neues Jahrb. Jahrgg. 1867, p. 283—290.
11. Über organische Reste aus der Steinkohlenformation von Lan-
gcar, Haute Loire. N. Jahrb. 1870, p. 417—424.
12. Nachträge zur Dyas, I. Mitth. aus dem miner.-geol.-palaeont.
Museum in Dresden. 3. Heft. Cassel 1880.

Geinitz u. : Gutbler, I. Die Versteinerungen des Zechsteingebirges
und Rothliegenden od. des perm. Systems in Sachsen. 1848.

Germar, E. Fr., 1. Petrefacta strataerum ithantreteten Wettini u. Löb-
bejuni. Die Versteinerungen des Steinkohlengebirges von Wettin
u. Loebejün im Saalkreise. VIII Hefte. Fol. 1844—52.

Germar u. Kaulfuss. 1. Merkwürdige Pflanzenabdrücke. 1831.

Göppert, H. R., 1. Systema filicum fossilium. c. tab. 44. (Abdr. aus
Nov. Act. Acad. Caes. Leop. Carol. Vol. XVII. supplem.)
Vratislaviae et Bonnae 1836.

2. De coniferarum structura anatomica 1841.

3. Die Gattungen der fossilen Pflanzen verglichen mit denen der
Jetztwelt und durch Abbildungen erläutert. Les genres des
plantes fossiles comparés avec ceux du monde moderne illus-
tirés par des figures. 6 Hefte. mit 48 Tafeln. Bonn. Quer-
Fol. (nicht vollendet!) 1841—47.

4. Über die fossilen Cycadeen überhaupt mit Rücksicht auf die
in Schlesien vorkommenden Arten. Übersicht der Arbeiten
und Veränderungen der schles. Gesellsch. f. vaterländ. Cultur
1843 (Breslau 1844), p. 114 seq.

5. Abhandlung eingesendet als Antwort auf die Preisfrage: Man
suche durch genaue Untersuchungen darzuthun, ob die Steinkohlenlager aus Pflanzen entstanden sind u. s. w. Leiden 4°.
366 p. 22 Taf. 1 Karte 1848.

6. Monographie der fossilen Coniferen. Natuurk. Verhandelingen
van de Hollandsche Maatschappy der Wetensch. te Harlem.
2 Verzam. vol. 6. (Leiden 1850).

7. Über die Stigmaria ficoides. Zeitschr. d. deut. geol. Gesellsch.
vol. 3. (1851), p. 273 seq.

8. Fossile Flora des Übergangsgebirges. Mit 44 Tafeln. Breslau
u. Bonn. (Supplement des vierzehnten Bandes der Nov. Act.
Acad. Leop. Carol.) 4°. 299 p. 1852.

9. Über die gegenwärtigen Verhältnisse der Palaeontologie in
Schlesien, sowie über fossile Cycadeen. Denkschr. der schles.
Gesellsch. f. vaterländ. Cultur. (1853), p. 259 seq.

10. Über die versteinerten Wälder Böhmens u. Schlesiens. 1855,
mit 3 Tafeln.

11. Über den versteinerten Wald von Radowenz bei Adersbach in
Böhmen u. über den Versteinerungsprocess überhaupt. Jahrb.
d. k. k. geol. Reichsanstalt. Wien, vol. 8. (1857). p. 725 seq.

12. Über die fossile Flora der silurischen, der permischen und
unteren Kohlen-Formation oder des sogen. Übergangsgebirges.

Mit 12 Steindrucktafeln. (Aus den Nov. Act. d. Leop. Carol. Vol. XXVII besonders abgedruckt). 4° 182 p. 1859.

13. Über die Kohlen von Mabluska in Central-Russland, Gouvernement Tula. Sitzber. d. Münchener Akad. d. Wissensch. Naturw. math. Cl. v. 1. (1861). p. 199 seq.

14. *Die fossile Flora der permischen Formation*, Mit 64 Tafeln *Abbildungen, Cassel 1864—65. (In XII. Bd. der Palaeontographica, herausg. von H. v. Meyer)* 4°, 316 p.

15. Über einige fossile Stämme. Lotos 1865, p. 26—30.

16. Beiträge zur Kenntnis fossiler Cycadeen. N. Jahrb. f. Mineralogie, Geol. u. Palaeont. 1866.

17. Skizzen zur Kenntnis der Urwälder Schlesiens u. Böhmens. Nov. Act. Nat. Cur. Bd. 34 (1868).

18. Revision meiner Arbeiten über die Stämme der fossilen Coniferen, insbesondere der Araucarites, und über die Descendenzlehre. Botanisches Centralblatt vol. 5. (1881), p. 378 seq. Vol. 6. (1881), p. 27 seq.

Göppert u. Stenzel, 1. *Die Medaillosae. Eine neue Gruppe der fossilen Cycadeen. Palaeontographica, vol. 28 (1882).*

Goldenberg, Friedr., 1. Über den Charakter der alten Flora der Steinkohlenformation im allgemeinen und die verwandtschaftliche Beziehung der Gattung Noeggerathia Goldenberg. Verhandl. d. naturhist. Vereins der pr. Rheinlande. Vol. 5. (1848), p. 17 seq.

2. Flore Sarpapontana fossilis. Die Pflanzenversteinerungen des Steinkohlengebirges von Saarbrücken (mit Berücksichtigung der Kohlenpflanzen anderer Localitäten). Saarbrücken 4°, mit Atlas in Fol.
I. Heft, (Lycopodiaceen). 1885.
II. „ (Sigillarien). 1857.
III. „ (Stigmaria, Stylocalamus, Lecanopteris u. Lepidophloyos). 1862.

Gomes, B. A., 1. Flora fossil do terreno carbonifero das visinhanças do Porto, Sero do Bussaco, e Moinho d'Ortras, proximo a Alcacer do Sal. Lisboa. Comissão geologica de Portugal, 4°, 44 p., mit 6 Tafeln 1865.

Grand'Eury, Cyrille, 1. *Mémoire sur la Flora carbonifère du département de la Loire et du centre de la France. Extrait des Mémoires présentés par divers savants à l'académie des sciences. Première partie. Botanique. Paris 1877, 1°, 624 p., mit Atlas mit 34 Taf. u. 4 Vegetations-Ansichten.*

2. *Mémoire sur la formation de la houille. Annales des mines Sér. 8, t. 2. (1882), p. 99 seq. Überarbeitung dieser Abhandlung von G. de Saporta in Revue des deux mondes t. 54 (1882), p. 657 seq.*

3. *Geologie et paléontologie du bassin houiller du Gard. Saint-Etienne 1890.*

v. Gutbier, A., 1. Geognostische Beschreibung des Zwickauer Schwarz-
kohlen-Gebirges, nebst Tafeln. Zwickau 4°, 1834.

2. Abdrücke und Versteinerungen des Zwickauer Schwarzkohlen-
gebirges und seiner Umgebungen (mit 11 Tafeln). Zwickau
8°, 1835.

Heer, O., 1. Flora fossilis arctica. Vol. 1—7 (1868—1883).

2. On the carboniferous flora of Bear Island. Quart. Journal of
the geol. soc. of London. Vol. XXVIII (1870).

3. Fossile Flora der Bären-Insel. Enthaltend die Beschreibung
der von den Herren Nordenskjöld und A. J. Malmgren im
Sommer 1868 dortgefundenen Pflanzen; mit 15 Tafeln. Kongl.
Vetenskaps-Akademiens Handlingar. Bandet 9, No. 5. Stockholm 1871. 4°. 51 p.

4. Beiträge zur Steinkohlenflora der arktischen Zone. Stockholm
1874. Mit 6 Tafeln. Kongl. Svenska Vetensk. Akad. Handl.
Bandet 12. No. 3. 4°. 11 p.

5. Flora fossilis Helvetiae. Die vorweltliche Flora der Schweiz.
Zürich. (Fol. 182 p. u. 70 Taf.) I. Abth.: Die Pflanzen
der Steinkohlen-Periode (p. 1—60. Taf. 1—22) 1877.

6. Über permische Pflanzen von Raskirchen in Ungarn. Mittheilungen aus dem Jahrb. d. k. ungar. geol. Anstalt. Vol. 5
(1878). p. 1 seq.

7. Über das geologische Alter der Coniferen. Botan. Centralblatt. Bd. 9 (1882), p. 237 seq.

8. Über Sigillaria Presliana Röm. Zeitschr. d. deutsch. geol.
Gesellsch. Bd. XXXIV, 1882.

Helmhacker, R., 1. O geologickém rozšíření rodu Sphenophyllum.
Sitzber. d. kgl. böhm. Gesellsch. d. Wissensch. 1872. p. 43.

2. Notizen über das Vorkommen von Schichten der unteren Permformation in Böhmen. Verhandl. d. k. k. geol. Reichs-Anstalt
1873. p. 285.

3. Die Permformation bei Budweis. Berg- u. Hüttenmänn. Jahrb.
XXII, 1873.

4. Beiträge zur Kenntnis der Flora des Südrandes der ober-
schlesisch-polnischen Steinkohlenformation. 1874. Mit 2 Tafeln.
Wien 8°. 74 p.

Heyer, F., 1. Beiträge zur Kenntnis der Farne des Carbon und des
Rothliegenden im Saar-Rheingebiet. Botanisches Centralblatt.
Bd. 19. (1884), p. 248 seq.

Hooker, J. D. and Binney, E. W., 1. On the structure of certain
limestone nodules enclosed in seams of bituminous Coal with
a description of some Trigonocarpons contained in them.
Philosophical Transactions. Vol. 145 (1855), p. 149 seq.

Hooker, J. D., 2. On the vegetation of the carboniferous period as
compared with that of the present day. Memoirs of the
geol. Survey of Great Britain and of the Museum of pract.
Geol. in London. Vol. II. Part II. London, p. 387 seq.
t. 1—10. 1847.

3. Remarks on the structure and affinities of some Lepidostrobi. Memoirs of the geological Survey of Great Britain. Vol. 2. 2 pt. II. (1848), p. 440 seq.

4. On some peculiarities in the structure of Stigmaria. Ibid. Vol. 2 pt. II. (1848), p. 431 seq.

5. On a new species of Volkmannia. Quarterly Journal Geol. Soc. of London. Vol. 10 (1854), p. 199 seq.

Kidston, R., 1. On the affinities of the genus Pothocites Paterson with the description of a specimen from Glencartholm Eskdale. Annals and Magazine of Natural History. Ser. 5. Vol. 11. (1883), p. 297 seq.

2. On a new species of Lycopodites Geol. from the calciferous sandstone series of Scotland. Ibid. Ser. 5. Vol. 14. (1884), p. 111 seq.

3. On the fructification of Zeilleria delicatula Sternbg., with remarks on Urnatopteris tenella Bronga, and Hymenophyllites quadridactylites Geth. Quart. Journal of the Geol. Soc. Vol. 40 (1884), p. 590 seq. t. 25.

4. On some new or little-known fossil Lycopods from the carboniferous formation. Annals and Magazin of Natural History. Vol. 15. London 1885.

5. On the relationship of Ulodendron L. a. H. to Lepidodendron Sternb., Bothrodendron L. a. H., Sigillaria Bronn. and Rhytidodendron Boulay. Ibid. Ser. V. Vol. 16 (1885), p. 123 seq.

6. On an new species of Psilotites from the Lanarkshire Coalfield. Ibid. Ser. V. Vol. 17 (1886), p. 494 seq.

7. Additional notes on some British Carboniferous Lycopods. Ibid. 1889. ser. 6. vol. 4. London 1889.

8. Fructific. carbon. ferns 1889.

9. Fructif. of Sphenophyllum trechomanoum 1880—91.

Knop, Beiträge zur Kenntniss der Steinkohlenformation in dem Rothliegenden im Erzgebirge. Neues Jahrb. f. Mineralogie etc. v. Leonhard u. Bronn 1873, p. 550—601, p. 671—720

Kimball, James P., Flora from the Nyalohusa Coal-Field. Inaugural-Dissertation. Göttingen 1857.

Kraus, G., 1. Mikroskopische Untersuchungen über den Bau lebender und vorweltlicher Nadelhölzer. Würzburger Naturwissensch. Zeitsch. Vol. 5. 1864, p. 144 seq.

2. Einige Bemerkungen über die vorweltlichen Stämme der fossilen Koniferen und zur Kenntniss der Anatomie des Rothliegenden und der Steinkohlenformation. Hal. Vol. 6 (1866), p. 84 seq.

3. Beiträge zur Kenntnis fossiler Hölzer. Abhandlungen der Naturforschenden Gesellschaft zu Halle. Bd. 16. (1882).

Krejči, J., 1. Zur Kenntnis der Steinkohlenflora des Rakonitzer Beckens. Verhandl. d. k. k. geol. Reichsanstalt 1879.

2. O geologických poměrech pánve Rakovnické. Vestnik král. česk. Spol. nauk 1880, p. 461.

3. Zur Geologie u. Palaeontologie des Rakonitzer Steinkohlen-Beckens. Verh. d. geol. Reichsanstalt 1880, p. 317—324.

4. Über das geologische Niveau des Steinkohlenflötzes von Lubná bei Rakonitz. Sitzb. d. kgl. Gesellsch. d. Wissensch. 1881, p. 349—360.

5. Zur Kenntniss des Nýřaner Horizontes bei Rakonitz. Sitzber. d. kgl. böhm. Gesellsch. d. Wissensch. 1882, p. 209—221.

6. Über die fossile Flora des Rakonitzer Steinkohlenbeckens.

7. Příspěvky z rostlinění rakohno-permského cenvrství třeno-fynkého. Zaoky geol. spolku v Praze 1885, p. 73—90.

8. Weitere Beiträge zur Kenntniss der Steinkohlenflora von Rakonitz. Sitzber. d. kgl. böhm. Gesellsch. d. Wissensch. 1886, p. 487—498, mit Taf.

Lebour, G. A., 1. Illustrations of fossil plants being and autotype reproduction of selected drawings. Prepared under the supervision of the late Dr. Lindley and Mr. W. Hutton between the years 1835 and 1840, and now for the first time published by the North of England Institute of Mining and Mechanical Engineers. Edited by G. A. Lebour. Newcastle-upon-Tyne 1877 (8°, 155 p. 64 Taf.)

Lesquereux. Leo, 1. Coal plants in Pennsylvania in The geology of Pennsylvania by H. D. Rogers. 2 Volumes. Edinburgh and London (Blackwood & Sons). Philadelphia (J. B. Lippincot & Co.) Vol. II. Part II. 4°. (p. 837—884, mit 23 Tafeln), 1858.

2. Botanical and palaeontological report on the geological state survey of Arkansas in: Second report of a geological reconnaissance of the southern and middle counties of Arkansas by D. D. Owen. Philadelphia. p. 295—399 (mit 6 Tafeln), 1860.

3. Report on the fossil plants of Illinois. Geology of Illinois A. H. Worthen, Director. Vol. II. Palaeontology Chicago. Section III, p. 427—470, t. 38—50), 1866.

4. On a branch of Cordaites bearing fruit. Proceedings of the American Philos. soc. Vol. 18 (1870).

5. Atlas of the coal flora of Pennsylvania and of the carboniferous formation throughout the United States. Harrisburg 1879

6. *Description of the Coal Flora of the Carboniferous formation in Pennsylvania and throughout the United States. Second geological Survey of Pennsylvania. Report of Progress P.; Harrisburgh. Vol. 1 and 2 (1880), vol. 3 (1884).*

Lindley. J. and Hutton. W., 1. *The fossil Flora of Great Britain: or, figures and descriptions of the vegetable remains found in a fossil state in this country. London. Vol. 1—3. 1831—37.*

Lipold. M. V. u. A. Storch, 1. Fossile Baumstämme zu Wranowitz etc. Jahrb. d. k. k. geol. Reichsanstalt 1863, Bd. XIII, Verh. p. 126.

Mohr, l. Über Sphenophyllum Thonii, eine neue Art aus dem Steinkohlengebirge von Ilmenau. Zeitschr. d. deut. geol. Gesellsch.
Vol. 20 (1868), p. 438.

Mettenius, G., l. Filices horti Lipsiensis 1856. (Eine Darstellung
des Zeitbündelverlaufs für Farnblätter.)

Miksch, l. Vorkommen fossiler Hölzer bei Pilsen. Correspondenzblatt
des geologisch-mineralog. Vereins in Regensburg. 1853.

Naumann, C. F., l. Über den Quincunx als Grundz der Blattstellung
bei Sigillaria und Lepidodendron. Neues Jahrb. f. Min., Geogn.
u. Petrefactenkunde von Leonhard u. Bronn. Jahrg. 1842,
p. 410 seq.

Newberry, J. S., l. Description of fossil plants. Report of the
geological survey of Ohio. Vol. l. Geology and Palaeontology.
, ll. Palaeontology. Sect. III.
350—385 p., t. 41—46. 1873.

Partsch, l. Geognostische Skizze der österreichischen Monarchie mit
Rücksicht auf Steinkohlen führende Formationen. Jahrb. d.
k. k. geol. Reichsanstalt. Wien 1851, p. 95.

Petzholdt, Al., Über Calamiten und Steinkohlenbildung. Dresden u.
Leipzig 1841. in 8°, mit 6 Tafeln.

Potonié, H., l. Bau der Blätter von Annularia etc. Ber. d. Deut.
bot. Gesellsch. 1892.

2. Die Zugehörigkeit des fossilen paläozoischen Gattung Knorria.
Naturwissenschaftl. Wochenschrift. Bd. VII, No. 7, vom
14. Febr. 1892, p. 60. Mit Textfiguren. Vorher in Leo
Cremer, Ein Ausflug nach Spitzbergen, p. 73 nebst Taf.
Berlin 1892.

3. Wechselzonenbildung der Sigillariaceae 1893.

4. Anatomie der beiden „Male" auf dem unteren Wangenpartie
und der beiden Schnarrbyhlen der Blattnarbe der Lepidodendreen
Blattpolster. Sonderabdr. aus den Berichten d. Deut. botan.
Gesellsch. Jahrg. 1893. Bd. XI, Heft 5 (18, 291 1893).
Mit Taf. XIV, p. 515—520.

5. Die Flora des Rothliegenden von Thüringen. Mit 35 Tafeln.
Als II. Theil des Werkes: Beyschlag u. Potonié, Über das Rothliegende des Thüringer Waldes. Abhandl. zur geol. Specialkarte von Preussen u. den Thüringischen Staaten. Neue Folge.
Heft 9. 1893.

6. Beziehung zwischen dem echt-gabeligen und dem fiederigen
Wedel-Aufbau der Farne. Ber. d. Deut. botan. Gesellsch. 1895.

7. Die Beziehung der Sphenophyllaceen zu den Calamariaceen.
Neues Jahrb. f. Mineralogie etc. 1896.

8. Die floristische Gliederung des deutschen Carbon und Perm.
Abhandl. d. königl. preussischen geol. Landesanstalt. Neue
Folge. Heft 21. Berlin 1896.

9. Über den paläontologischen Ausschluss der Farne u. höheren
Pflanzen an die Algen. Zeitschr. d. Deut. geol. Gesellsch.
1897. 2. Protokolle.

10. *Lehrbuch der Pflanzenpalaeontologie mit besonderer Rücksicht auf die Bedürfnisse des Geologen.* Berlin 1899—98. Lief. 1—3.

Quenstedt, I. Handbuch der Petrefactenkunde. 2. Auflage 1867.

Raciborski, M. 1. Permokarbońska flora paplenia karniowickiego. Separat-Abdr. aus dem Anzeiger der Akad. der Wissensch. in Krakau. Novb. 1890, p. 268.

    2. Permokarbońska flora karniowickiego napłenia. Rosprawy wydz. przyrod. Akad. Umiej. w Krakowie. T. XXI, 1891.

Renault, M. B., 1. Etude de quelques végétaux silicifiés des environs d'Autun. Ann. des sc. natur. sér. V, vol. 12, (1869), p. 161 seq. t. 3—14.

    2. *Recherches sur l'organisation des Sphenophyllum et des Annularies.* Ann. des sciences nat. sér. 5, vol. 18 (1873), p. 5 seq.

    3. *Recherches sur les végétaux silicifiés d'Autun. II. Étude du genre Myelopteris.* Mém. présentés par div. savants à l'Académie de Paris. Vol. 22 n. 10 (1875).

    4. Recherches sur les végétaux silicifiés d'Autun et de St. Etienne; Etude du genre Botryopteris. Ann. des sc. nat., Bot. sér. VI, vol. 1 (1875), p. 220 seq., t. 10, 11.

    5. Recherches sur quelques Calamodendrées et sur leurs affinités probables. Comptes rendus de l'Acad. des sc. de Paris. Vol. 83 (1876), p. 574.

    6. Recherches sur la fructification de quelques végétaux provenant des giserments silicifiés d'Autun et de St. Etienne. Ann. des sc. nat., Bot. sér. VI, vol. 3 (1876), p. 5 seq., t. 1—4.

    7. Nouvelles recherches sur la structure des Sphenophyllum et sur leurs affinités botaniques. Annales des sc. nat. Sér. 6, vol. 4 (1877), p. 277 seq.

    8. *Structure comparée de quelques tiges de la Flora carbonifère.* Nouv. Arch. du Muséum, sér. II, vol. 2 (1879), p. 213 seq.

    9. Etude sur les Stigmaria, rhizomes et racines des Sigillaires. Annales des sciences géologiques. Vol. 12 (1881), p. 1 seq.

    10. *Cours de botanique fossile fait au Muséum d'Histoire naturelle.* Paris. (G. Masson, éditeur). Vol. 1. 1881.
           „ 2. 1882.
           „ 3. 1883.
           „ 4. 1885.

    11. Recherches sur les végétaux fossiles du genre Astromyelon. Annales des sciences géologiques. Vol. 17 (1885).

    12. Sur les fructifications des Sigillaires. Comptes rendus des séances de l'Acad. d. sc. 7. Déc. 1885. Tome CI. p. 1176.

    13. Nouvelles recherches sur le genre Astromyelon. Mémoires de la soc. des sc. natur. de Saône et Loire 1885.

    14. Sur les fructifications des Calamodendrons. Comptes rendus de l'Acad. de Paris. Vol. 102. 15. Mars 1886.

    15. Sur le Sigillaria Menardi. Comptes rendus des séances de l'Acad. d. sciences. Paris 22. Mars 1886.

16. Sur le genre Bornia F. Röm. Comptes rendus de l'Acad. des sc. Vol. 102. 7. Juin 1886.

17. Sur les fructifications mâles des Asthrophtus et des Bornia. Ibid. Vol. 102. 15. Juin 1886.

18. Notice sur les Sigillaires. Soc. d'Hist. Nat. d'Autun. Autun 1888. Mit 6 Tafeln.

19. Bassin houiller et perm. d. Autun et d'Epinac. Atlas 1893.

Renault et C. Eg. Bertrand, 1. Grilletia Sphaerospermii, Chytridiacée fossile des terrains houiller supérieur. Comptes rendus de l'Acad. de Paris 1885 (18. Mai).

Renault et Grand'Eury, 1. Recherches sur les végétaux silicifiés d'Autun. 1. Étude du Sigillaria spinulosa. Mém. présentés par div. savants à l'Acad. de Paris. Vol. 22 (1875) n. 3.

Renault et Zeiller, 1. Sur un nouveau genre de fossiles végétaux. Comptes rendus de l'Acad. des Sciences. 2. Juni 1884.

2. Sur des Mousses de l'époque houillère. Ibid. Vol. 100 (2. Mars 1885), p. 660.

3. Sur quelques Cycadées houillères. Ibid. (8. Febr 1886)

4. Flore houillère de Commentry. Saint Etienne 1890.

Rhode, J. G., 1. Beitrag zur Pflanzenkunde der Vorwelt nach Abdrücken in Kohlenschiefer u. Sandstein. IV Hefte. Breslau 1820—24.

Richter, C. 1. Über Culm in Thüringen. Zeitschr. d. deutsch. geol. Gesellsch. Bd. 16 (1864), p. 155 seq.

Richter, H. u. Unger, F., 1. Beitrag zur Palaeontologie des Thüringer Waldes. Wien. II. Theil. Bearbeitet von F. Unger. Mit 13 Tafeln. Schiefer- u. Sandstein-Flora p. 33—109. 1856. (Aus d. XI. Bde. der Denksche. d. mathemat.-naturw. Classe d. k. k. Akad. d. Wissensch. besonders abgedruckt.)

v. Roehl, E. 1. Fossile Flora der Steinkohlenformation Westphalens einschliesslich des Piesberges bei Osnabrück. Mit 32 Doppeltafeln. Cassel 4°. 1868—69. Palaeontographica Bd. XVIII.

Roemer, A., 1. Beiträge zur geologischen Kenntniss des nordwestlichen Harzgebirges.

1. Abth. Palaeontographica, III. (1854), p. 1 seq.
2. „ „ III. (1854), p. 69 seq.
3. „ „ V. (1855—58), p. 1 seq.
4. „ „ IX. (1862—64), p. 1 seq.
5. „ „ vol. 13 (1866), p. 201 seq.

2. Die Pflanzen des product. Kohlengeb. am südl. Harzrande und am Piesberge bei Osnabrück. Beiträge zur geol. Kenntnis d. Harzgebirges in Palaeontographica. Vierte Abth. 2. Theil. Taf. 28—35. 1860.

3. Lethaea geognostica. Stuttgart 1860.

Rothpletz, A., 1. Die Flora u. Fauna des Robschonation bei Raibschen in Steiern. Botanisches Centralblatt 1880. Vol. 1, Geschichtge 211.

de Saporta, G., 1. Observations sur la nature des végétaux réunis dans les groupes des Noeggerathia. Comptes rendus de l'Acad. des sc. Vol. 86 (1878), 25. Mars, 1. u. 8. Avril.

Saporta et Marion, 1. Evolution du regne végétal; Cryptogames. Bibliothèque scientifique internationale publ. s. l. dir. de M. Em. Alglave. Vol. 39 (1881).

Sandberger, F., 1. Die Flora der oberen Steinkohlenformation im badischen Schwarzwald. Mit 3 Tafeln. Verh. d. naturwissensch. Vereins zu Karlsruhe. Heft 1 (1864), p. 20 seq.

Saveur, J., 1. Végétaux fossiles des terrains houillers de la Belgique. Bruxelles. 69 Tafeln 4°. 1848.

Schenk, A., 1. Über die Fruchtstände fossiler Equisetaceen. Botan. Zeitung. Bd. 34 (1876). 1. Annularia, p. 529 seq.

    II. Sphenophyllum, p. 625 seq.

  2. Über Medullosa elegans. Engler's Botan. Jahrbücher f. Systematik, Pflanzengeschichte u. Pflanzengeographie. Vol. 3 (1882), p. 156 seq.

  3. Pflanzliche Versteinerungen im Bd. IV des Werkes v. Richthofen China. Berlin 1883.

  4. Die während der Reise des Grafen Bela Széchenyi in China gesammelten fossilen Pflanzen. Palaeontographica. Vol. 31 (1884).

  5. Die fossilen Pflanzenreste. Breslau 1888.

v. Schlotheim, E. F., 1. Beiträge zur Flora der Vorwelt. 1804.

  2. Beschreibung merkwürdiger Kräuter-Abdrücke und Pflanzenversteinerungen. 15 Tal. Gotha 4°. 1804.

  3. Die Petrefactenkunde auf ihrem jetzigen Standpunkte. Gotha 1820. Mit 15 Kupfertafeln.

Schimper, W. Ph., 1. Mémoire sur le terrain de transition des Vosges. 1862.

  2. Traité de paléontologie végétal ou la flore du monde primitif dans ses rapports avec les formations géologiques et la flore du monde actuel. Avec un Atlas de 110 planches grand in-quarto lithographiées. Paris. J. B. Baillière et Fils. 3 Bde. 8°. I. Bd. 738 p. D, grösste Theil d. Kryptogamen 1869. II. Bd. 966 p. Lycopodiaceen, Cycadeen, Coniferen, Monocotyledonen u. Dicotyledonen erste Hälfte 1870—72. III. Bd. 896 p. Dicotyledonen zweite Hälfte. Nachtrag. Übersicht d. fossilen Floren in Bezug auf ihr Alter. Literatur. 1874.

Schimper, W. Ph. u. Schenk, A., 1. Palaeophytologie in Zittel's Handbuch d. Palaeontologie. München u. Leipzig 1890.

J. Koechlin-Schlumberger et Schimper, W. Ph., 1. Le terrain de transition des Vosges. Partie paléontologique par W. Ph. Schimper. Extrait de Mémoires de la soc. des sc. nat. de Strassbourg. Fol. 347 p. mit 20 Tafeln. 1862.

Schmalhausen, J., 1. Die Pflanzenreste aus der Urssa-Stufe im Flussgebiete des Ogur in Ost-Sibirien. Avec 4 planches. Mélanges phys. et chim. tirés du Bull. de l'Acad. Imp. des Sc. de St. Pétersbourg. Tome IX, p. 625—645. 1876.

2. Ein fernerer Beitrag zur Kenntnis der Urna-Stufe Ost-Sibiriens. (Avec 2 planches.) Bull. de l'Ac. Imp. des Sc. de St. Pétersbourg. Tome XXV, p. 1—17, 1877.

3. Die Pflanzenreste der Steinkohlenformation am östlichen Abhange des Uralgebirges. Mém. de l'Acad. Imp. den Sciences de St. Pétersbourg. Sér. VII, vol. 31, No. 13 (1883).

Schmitz, Fr., i. Fruchtrest aus der Steinkohlenformation. Sitzber. d. niederrhein. Gesellsch. f. Natur- u. Heilkunde zu Bonn 14. Juli 1879.

Seward, A. C., 1. On the association of Sigillaria and Glossopteris in South Africa. 315. Quarterly Journ. of the Geol. Soc. of London. 53, 3, No. 211.

2. Variation in Sigillaria. Geol. Magazine. Dec. III, vol VII No. 311. London 1890.

Graf zu Solms, H., 1. Einleitung in die Palaeophytologie vom botanischen Standpunkte aus. Leipzig 1887.

2. Eine neue Sphenophyllen-Fructif. 1895.

Steinhauer, H., 1. On fossil reliquia of unknown vegetables in the coal strata. Transactions of the American Philosophical Society held at Philadelphia. Vol. 1, new. ser. (1818) p. 265 seq. (Das auf Stigmaria Bezügliche wieder abgedruckt bei Lindley and Hutton, op. cit. v, 1, 31—35).

Graf Sternberg, K., 1. Versuch einer geognostisch-botanischen Darstellung der Flora der Vorwelt. VIII Hefte mit Kupfertafeln. Leipzig 1821—1838, in Fol., mit Taf.

(Exc. 1—4 incl. en fascimile par le comte de Brog.)

2. Eigenthümlichkeit d. böhm. Flora und der klimatischen Verhältnisse d. Pflanzen d. Vorwelt g. Jetztwelt. 1820.

3. Beschreibung der Huttonia spicata, einer neuen fossilen Pflanze. Verhandl. d. Gesellsch. d. vaterl. Museums in Böhmen. Prag 1837, p. 69. Jahrgang 1837, Beitrag 1, zur Rede des Präsidenten a der Versammlung vom 6. April 1837, t. I.

Sturzel, J., 1. 2. Die fossilen Pflanzen des Rothliegenden von Chemnitz. 5. Bericht d. Naturf.-Gesellsch. zu Chemnitz 1875, p. 151.

2. Über Sigillaria Menardi Brogn., Sig. Preslana A. Roemer und Sig. Brardii Brongn. Neues Jahrb. f. Mineralogie etc. 1878, p. 730.

3. Über Scolecopteris elegans Zenk. und andere fossile Reste aus dem Hornstein von Altendorf bei Chemnitz. Zeitschr. d. Deut. geol. Gesellsch. Vol. 32 (1880), p. 1 seq.

4. Palaeontologisches Charakter d. oberen Steinkohlenformation und der Rothliegenden im vorgebirgischen Becken. 7. Bericht d. Naturwissenschaftl. Gesellsch. zu Chemnitz. 1881.

5. Paläontologischer Charakter des Carbon vom Flöha. D. geol. Specialkarte v. Sachsen 1881.

6. Über die Fruchtähren von Asterophyllites rigidus etc. Zeitschr. d. Deut. geol. Gesellsch. V 34 (1882), p. 684.

7. Über die Flora u. das geol. Alter d. Kulmformation von Chemnitz-Hainichen. XI. Bericht d. Naturwissenschaftl. Gesellschaft zu Chemnitz (Festschrift) 1883—1884.

8. Flora des Rothliegenden im Plauenschen Grunde. 1893.

Strassburger, Ed., 1. Über Scolecopteris elegans Zenk. Jenaer Zeitschr. f. Naturw. Vol. 8. (1874), p. 88 seq.

Stur, D., 1. Fossile Pflanzen von Libowitz bei Schlan. Jahrb. d. k. k. geol. Reichsanstalt 1859, Bd. 10, Verh. p. 69.

2. Beiträge zur Kenntniss der Steinkohlenflora von Rakonitz. Jahrb. d. k. k. geol. Reichsanstalt 1860, p. 51.

3. Fossile Pflanzen aus d. Steinkohlenformation von Rosic u. Oslavan. Jahrb. d. k. k. geol. Reichsanstalt 1860. Bd. 11. Verhandl. p. 70, 80.

4. Fossile Pflanzen von Miröschau, Blas u. Svina. Jahrb. d. k. k. geol. Reichsanstalt 1861—62. Bd. 12, p. 140—145.

5. Über einige Pflanzenreste aus einer Sendung des Herrn R. Helmhacker, Adjunct am Heinrichschachte in Zbejlov b. Rossic (Schützin Helmhackeri, Stur). Verh. d. k. k. geol. Reichsanstalt 1867, p. 124.

6. Pflanzenreste aus den Schichten der obersten productiven Steinkohlenformation und des Rothliegenden im Rosic-Oslavaner Becken in Mähren. Verhandl. d. k. k. geol. Reichsanstalt 1868, p. 104.

7. Petrefacten der Dyasformation aus der Umgebung von Rosic. Ibid. 1869, p. 304.

8. Lepidostrobus aus dem Radnitzer Steinkohlenbecken. Ibid. 1870, p. 326.

9. Vorläufige Notiz über die dyassische Flora der Authracit-Lagerstätten bei Budweis in Böhmen. Ibid 1872, p. 165—168.

10. Pflanzenreste aus dem Hangenden des oberen Flötzes der Steinkohlenmulde von Blas bei Radnitz in Böhmen. Ibid. 1873, p. 151.

11. Pflanzenreste aus dem Rothliegenden von Braunau. 1851. 1873, p. 241.

12. Beiträge zur fossilen Flora der Steinkohlenformation und der Dyas. Ibid. 1873.

13. Momentaner Stand meiner Untersuchungen über die australpine Steinkohlenformation. Ibid. 1874, p. 189—205.

14. Odontopteris lilicreata St. sp. aus den gräflichen Nostiz'schen Kohlenbaugruben bei Rakonitz. Ibid. 1874, 262—266.

15. Über die Flora der Kausower Schichten. Ibid. 1874, p. 267.

16. Neue Aufschlüsse in Segen-Gottes bei Rossitz und Sendung von Pflanzenresten aus dem liegenden Flötze (Calamites Rittleri, Stur, Caulopteris Rittleri, Stur). Ibid. 1874, p. 395—399.

17. Beiträge zur Kenntniss der Flora der Vorwelt. Bd. I. Die Culmflora. 44 lithogr. Taf., 63 Holzschn. u. Zinkogr. und 3 Taf. in Farbendruck. Heft 1. Die Culmflora des mährisch-schlesischen Dachschiefers 1875. 106 p. m. 17 Taf. Heft 2.

2

Die Culmflora der Ostrauer u. Waldenburger Schichten 1877,
366 p. u. 27 Taf. (Abhandl. d. k. k. geol. Reichsanstalt
Bd. VIII. Heft 1 u. 2.)

18. Weitere Pflanzenreste aus dem Kohlenbergbau bei Kaunova im
Kladno-Schläner Becken. Verhandl. d. k. k. geol. Reichanstalt 1876, 352—353.

19. Ist das Sphenophyllum in der Thal eine Lycopodiacea? Jahrb.
d. k. k. geol. Reichsanstalt zu Wien. Bd. 27 (1877), p. 7 seq.

20. Sphenophyllum als Ast auf einem Asterophyllites. Verhandl.
d. k. k. geol. Reichsanstalt 1878, p. 327 seq

21. Zur Kenntniss der Fructification der Noeggerathia foliosa aus
den Radnitzer Schichten des Oberen Carbon in Mittelböhmen.
Ibid. 1878, p. 329—332.

22. Zur Morphologie der Calamarien. Sitzber. d. k. k. Akad. d.
Wissensch. zu Wien. 1881. Bd. 84, p. 409—472, mit Taf.
u. 16 Abbild. im Text.

23. Zur Morphologie u. Systematik der Calm- u. Carbonform.
Sitzber. d. k. k. Akad. d. Wissensch. zu Wien. Bd. 88
(1883), p. 633—646 mit 44 Holzschnitten

24. Die Carbonflora der Schatzlarer Schichten. I. Die Farne
Abhandl. d. k. k. geol. Reichsanstalt zu Wien. Bd. 11 (mit
49 Taf. u. 48 Zublage) 1885.
   II. Die Calamarien. Bd. 11 (mit einer früheren
Tafel u. 25 Doppeltafeln nebst 13 Zinkotypen) 1887.

25. Über die im Filtern reiner Steinkohle enthaltenen Steinkohlsemen u. Tormschneosoberne. Jahrb. d. k. k. geol. Reichsanstalt, Wien 1885, Bd. 35, p. 613. Verhandl. d. k. k.
geol. Reichsan-talt 1885, p. 205.

Sackow, J. Beschreibung einiger merkwürdiger Abdrücke von der Art
der sog. Calamiten. Hist. et commentationes Acad. elect.
Theodoro-Palat. Vol. V. Mannheimi 1784.

Yeumer, J. Über den Pinsberg gefundene u. ausgefüllte Wurzelstock einer
Sigillaria. Sechster Jahresb. des naturw. Vereins zu Osnabrück (1885), p. 266, c. tab.

Thompson D'Arcy, W., 1. Notes on Ulodendron and Halonia. Transact.
of the Edinburgh Geological Society. Vol. 3, pt. III (1880),
p. 341 seq.

van Tieghem, Ph., 1. Sur le ferment butyrique (Bacillus Amylobacter)
à l'époque de la houille. Comptes rendus hebd. de l'Acad.
de Paris. Vol. 89 (1879), p. 1102 seq.
   2. Sur quelques points de l'anatomie des Cryptogames vasculaires. Bull. de la soc. bot. de France. Vol. 30 (1883),
p. 169 seq

Toula, Franz, 1. Die Steinkohle, ihre Eigenschaften, Vorkommen,
Entstehung und nationalökonomische Bedeutung. Wien 1888.

Unger, F., 1. Über die Structur der Calamiten und ihre Raumstellung
im Gewächsreich. Flora, Jahrgg. 23, Bd. II (1840) p. 654
seq. (Die zugehörigen Zeichnungen Unger's sind in t. 7 u. 8

zuerst bei Petzholdt, Calamiten u. Steinkohlenbildung, publicirt
werden; einzelne Figuren hat später Göppert in der perm.
Flora reproducirt).

2. Synopsis plantarum fossilium. Leipzig 1845. 8°. 330 p.
3. Genera et species plantarum fossilium. Vindobonae 1850. 8°.
   627 p.
4. *Versuch einer Geschichte der Pflanzenwelt* 1852.

Weiss, Ch. E., 1. *Fossile Flora der jüngsten Steinkohlenformation
und des Rothliegenden im Saar-Rheingebiet.* Bonn 1869—1872.

2. Studien über Odontopteriden. Zeitschr. d. Deut. geol. Gesellsch. 1870. 5 Taf. 8°.
3. Vorläufige Mittheilungen über Fructificationen der fossilen Calamarien. Zeitschr. d. Deut. geol. Gesellsch. zu Berlin. Vol. 25
   (1873), p. 266 seq.
4. *Beiträge zur fossilen Flora I. Steinkohlen-Calamarien mit
   besonderer Berücksichtigung ihrer Fructificationen.* Abh. zur
   geol. Specialkarte v. Preussen. Bd. II, Heft 1 (1876).
5. Sphenophyllum, Asterophyllites, Calamites. Neues Jahrb. f.
   Mineralogie, Geol. u. Paläont. 1876, p. 260 seq.
6. Die Flora der Rothliegenden von Wünschendorf. Abhandl. zur
   geol. Specialkarte v. Preussen. Bd. III, Heft 1, 1879.
7. *Aus der Flora d. Steinkohlenformation.* Berlin 1881.
8. Über Lomatophloios macrolepidotus Goldenb. Zeitschr. d.
   Deut. geol. Gesellsch. Bd. 33 (1881), p. 354. Vgl. Botan.
   Centralblatt. Vol. 8 (1881). p. 157.
9. Die Steinkohlen führenden Schichten bei Ballenstedt am nördl.
   Harzrande. Jahrb. d. königl. Preuss. geol. Landesanstalt f.
   1881. Berlin 1882.
10. Nachschrift zu Beer, Über Sigillaria Preussen Roemer. Zeitschr.
    d. Deut. geol. Gesellsch. 1882, Bd. XXXIV, p. 611.
11. *Beiträge zur fossilen Flora III. Steinkohlen-Calamarien II.*
    Abhandl. zur geol. Specialkarte v. Preussen u. den Thüringi-
    schen Staaten, Vol. V, Heft II, p. 87 seq. Berlin 1884.
12. Über die Untersuchungen bezüglich der Stellung der Sigillarien
    im System. Sitzber. d. Gesellsch. naturf. Freunde zu Berlin
    vom 16. Decbr. 1884, p. 188.
13. Zur Flora der ältesten Schichten des Harzes. Jahrb. d. k.
    preuss. geol. Landesanstalt 1884. Berlin 1885.
14. Über Sigillarien im Anschluss an eine Notiz von Renault, Sur
    les fructifications des Sigillaires. (Comptes rendus des séances
    de l'Acad. des Sc. 7. déc. 1885). Sitzber. d. Gesellsch.
    naturf. Freunde zu Berlin vom 16. Febr. 1886.
15. Über die Sigillarienfrage im Anschluss an die in der Februar-
    sitzung gegebene Darstellung. Sitzber. d. Gesellsch. naturf.
    Freunde zu Berlin vom 18. Mai 1886.
16. *Die Sigillarien der preussischen Steinkohlengebiete. I. Gruppe.
    Die Favularien.* Berlin 1887. Abhandl. zur geol. Special-

2*

karte v. Preussen u. den Thüringischen Staaten. **Bd. VII,**
Heft 3 pro Jahr 1886. 3 Tafeln.

17. Über neue Funde von Sigillarien in der Wettiner Steinkohlengrube. Zeitschr. d. Deut. geol. Gesellsch. Bd. XI. August
1888, p. 565.

18. Über Sigillaria culmilsan A. Roemer von Trogthal bei Lauten-
thal im Harz. Sitzb. d. Ges naturf. Freunde zu Berlin vom
19. März 1889.

19. Sigillaria Brardi Germar. Zeitschr. d. Deut. geol. Gesellsch.
Bd. XLI. Sitzber. vom 6. Febr. 1889, p. 169.

20. Beobachtung an Sigillarien von Wettin und Umgegend, welche
sich besonders auf die Stellung der Leitnarbenreihen beziehen.
Zeitschr. d. Deut. geol. Gesellsch. Bd. XLI. Sitzber. vom
3. Mai 1889. p. 376.

21. *Die Sigillarien der preussischen Steinkohlen- und Rothliegenden-
Gebiete. II. D. Gruppe der Subsigillarien. Nach dem hand-
schriftl. Nachlasse des Verfassers redigirt von T. Starck.
Mit 13 Textfig. u. einem Atlas mit 28 Tafeln. Abhandl. d.
königl. preuss. geol. Landesanstalt. Neue Folge. Heft 2.
Berlin 1893.* (*Beiträge zur fossilen Flora V.*)

Williamson, W. C., 1. On the structure of the woody zone of an
undescribed form of Calamite. Memoirs of the literary and
philosophical society of Manchester. Ser. III, vol. 4 (1869),
p. 155 seq.

2. On a new form of Calamitean strobilus from the Lancashire
coal measures. Ibid. Ser. 3, vol. 4 (1870), p. 248 seq.

3. On the organisation of Volkmannia Dawson. Ibid. Ser. 3,
vol. 5 (1871). p. 27 seq.

4. *On the organisation of the fossil plants of the Coalmeasures.
Part I—VIII. Philosophical Transactions of the Royal Soc.
of London. 1871—77.*

5. *A monograph on the morphology and histology of Stigmaria
ficoides. Palaeontographical Society 1887.*

Williamson, W. C. and Hartog, M., 1. Les Sigillaires et les Le-
pidodendrées. Annales des sciences nat. Sér. 6, vol. 13
(1882), p. 339 seq.

2. A monograph on the morphology and histology of Stigmaria
ficoides. Palaeontographical Society. Vol. for 1886. Er-
schienen 1887.

Williams of Lartington, W., 1. The internal structure of fossil
vegetables found in the carboniferous and oolitic deposits of
Great Britain. Edinburgh 1833.

Wood, H. C., 1. Contributions to the carboniferous flora of the United
States. Proceed. Acad. nat. sc. Philad. Juni 1860.

Wünsch, E. A., 1. Carboniferous fossil trees imbedded in Trappean
ash in the isle of Arran. Seemanns Journal of Botany. Vol.
5 (1867), p. 305.

Zeiller, R., 1. Note sur quelques troncs de Fougères fossiles. Bull.
de la soc. géol. de France. Sér. III, vol. 3 (1874—75),
1875.

2. Note sur le genre Mariopteris. Ibid. Sér. 7, vol. 3 (1879),
p. 92.

3. Note sur quelques plantes fossiles du terrain permien de la
Corrèze. Ibid. Sér. 3, vol. 8 (1879—80). p. 196 seq.
Séance du 15 Déc. 1879.

4. Végétaux fossiles du terrain houiller de la France. Extrait
du tome IV de l'explication de la carte géologique de la
France. 1880. Paris. (Rédaction 1879 archimprimé).

5. Sur quelques radicales fossiles. Ann. d. Sc. nat. 6 sér.
bot., t. XIII (1882).

6. Fructifications de Fougères houillères. Ann. d. Sc. nat. Sér. 6,
vol. 16 (1883).

7. Note sur la Flore du Bassin houiller de Tête (Region du
Zambèze). Annales des Mines. Sér. 8, vol. 4 (1883), p. 594.

8. Cônes de fructification de Sigillaires. Annales des sciences
naturelles. Sér. 6, Vol. 19 (1884), p. 256 seq.

9. Sur quelques genres des Fougères fossiles nouvellement créés.
Ibid. Sér. 6, Vol. 17 (1884).

10. Présentation d'une brochure de M. Kidston sur les Ulodendron
et Observations sur les genres Ulodendron et Bothrodendron.
Bull. Soc. géol. de France. 3 sér., t. XIV, pl. VIII, IX
(1885).

11. Note sur la flore et le niveau relatif des couches houillères
de la Grand'Combe (Gard). Ibid. 3 sér., t. XIII (1885)

12. Observations sur les genres Ulodendron et Bothrodendron.
Ibid. 3 sér., vol. XIV (1885), p. 168 seq.

13. Études des gîtes minéraux de la France. Bassin houiller de
Valenciennes. Description de la flore fossile. Paris. Atlas
1886. texte 1888.

14. Variations de formes qu'il a observées chez le Sigillaria Brardi.
Compte rendu sommaire des séances de la société géol. de
France. 20. Mai 1889, p. LXVII.

15. Sur les variations de formes du Sigillaria Brardi Brongn.
Bulletin de la Soc. géol. de France, 3 sér., t. XVII, p. 603,
séance du 20. Mai 1889. Mit Taf. XIV.

16. Sur la valeur du genre Trizygia. 1891.

17. Bassin houiller et permien de Brive. Fasc. II. Flore fossile, 1892.

Calamarieae.

Schachtelhalmähnliche bis baumartige, aus einem unterirdischen Rhizom (Wurzelstock) aufsteigende, nach oben sich verjüngende Pflanzen, deren quergegliederter Stengel oder Stamm wirtelförmig gestellte einfache *Blätter* und beblätterte *Äste* trägt; *Fruchtstand* ährenförmig.

A. Stämme.

Der quergegliederte Stamm ist entweder ganz hohl oder mit weichem Zellgewebe erfüllt. Sein verhältnismässig dünner, in glänzende Kohle verwandelter Ueberzug ist mehr weniger glatt, die Markhöhle gross, der äussere in Schieferthon gewöhnlich plattgedrückte, im Sandstein cylindrische Abdruck, der sogen. Steinkern (der häufigst vorkommende Erhaltungszustand!) zeigt deutliche Quergliederung und Längsrippen. Die Längsrippen der Stankerne sind im Querschnitte flach oder sanft gewölbt. Die Rillen in der Quergliederung (Nodiallinie) treffen mit jenen der benachbarten Glieder entweder in abwechselnder (alternirender) oder in durchgehender Stellung zusammen. Die zwischen den zwei benachbarten Nodiallinien liegenden Theile des Stammes führen den Namen Internodium.

Die Länge der Internodien ist selbst bei derselben Arten sehr verschieden und ist theils grösser, theils bedeutend geringer als der Durchmesser des Stammes, am kürzesten am unteren Ende desselben.

Die Rippen tragen am oberen Ende, manchmal auch am unteren, Knötchen; die oberen, d. h. unterhalb der Nodiallinie liegenden sind als Anhaftspunkte von wirtelständigen, selten am Stamme erhaltenen einfachen und linealen Blättern, die unteren als Narben von Würzelchen aufzufassen.

Die Stellen, wo die Äste aus dem Stamme abgehen, sind durch grössere schüsselförmige Narben bezeichnet und liegen entweder in der Nodiallinie selbst oder dicht darüber.

Verlauf der Nodiallinie, Form der Rippen, Höhe der Glieder, Dicke der Wandung, Stellung der Astnarben sind die wichtigsten Merkmale zur Unterscheidung der Gattungen und Arten.

Calamites Suckow . . . . I, 1—12,[*])
mit den Merkmalen der oben besprochenen Stammreste der Familie Calamarieae.

Calamites *(Calamitina) varians* Sternb . . . . I, 1. 2
(Weiss, Steinkohlen-Calamarien II. Bd., XVI a, 16; I, 1.)

Glieder in der Länge ungleich, periodisch sich verlängernd oder verkürzend, die Periode mit dem Auftreten der Äste zusammenfallend. Steinkern an den Gliederungen stark eingeschnürt, mit hoch gewölbten, fast kantigen, gedrängten und schmalen (bis 2 mm breiten), oft etwas rissigen Rippen und tiefen Furchen. Die Periode häufig 9 Glieder umfassend, oder zwischen 6 und 10, vielleicht in noch grösseren Grenzen variirend. Die entwickelten Astnarben der Rinde ziemlich gross, gedrängt oder entfernt; zwischen ihnen am Steinkern kenntlich manchmal noch unentwickelte Astspuren, durch Zusammentreten weniger Rippen in einen Punkt gebildet. (Weiss, op. cit. 61.)

Calamites *(Archaeocalamites) radiatus* Stur . . . . I, 3. 4.
(Sammlung d. k. k. Bergakademie in Příbram. Localität Altendorf, Schladnu, Lauterbach, Schwadow.)

Die mehr oder minder zusammengedrückten Stammstöcke unterscheiden sich von den übrigen Calamites durch die an den Knoten nicht alternirend, sondern übereinander stehenden Längsrippen. Die übrigen in der Form der Blätter und des Fruchtstandes lie-

---

[*]) Bei jeder Species bezeichnet die römische Zahl die Tafel unseres Werkes und die arabische Zahl die Figur. Dann folgt der Titel der Schrift, welcher die Abbildung entnommen ist, wobei die Numerirung in demselben Sinne erfolgt, wie in unserem Tafelwerke. Im Falle, dass uns Originale zu Gebote standen, ist nicht nur für Aufbewahrungsort, sondern auch die Localität, woher sie stammen, angeführt worden. Die Charakteristik der Gattungen und Arten haben wir meistens wörtlich aus den besten phytopaläontologischen Arbeiten entnommen und wegen der Controle den Namen des Autors, sowie die Abhandlung mit der Angabe der Seitenzahl in Klammern gesetzt. Wir können es nicht unterlassen zu erwähnen, dass viele der Charakteristika wie uns, auch andere Leser nicht befriedigen werden und wohl einer gründlichen Revision bedürftig erscheinen, was aufhörend nur auf Grund der Originale geschehen könnte.

genden Unterscheidungsmerkmale sind nur selten bei ausnahmsweise
günstiger Erhaltung wahrzunehmen.

Sowohl die Länge der Internodien, als auch die Breite der
Rippen ist sehr veränderlich. Die Rippen sind fein längsgestreift.

Die Äste des Stammes sind von ganz gleichem Aussehen wie
der Stamm selbst. Die in Wirteln stehenden Blätter (Fig. 3) sind
an der Basis nicht zu einer Scheide vereinigt, sondern bis zum
Grunde frei.

Das Rhizom ist horizontal kriechend, quer gegliedert und mit
unregelmässig dichotomischen Wurzeln besetzt.

Der Fruchtstand ist nur unvollständig bekannt. (Roemer,
Lethaea geognostica, 148.)

Calamites *approximatus* Brongn. . . . . I. 5.
    (Sammlung d. k. k. Bergakademie in Příbram. Localität: Lubná b.
Rakonitz, Böhmen.)

Recht nahe an den Typus des C. varians schliessen sich eine
grosse und in der Hauptstufe der productiven Steinkohlenformation
sehr verbreitete Zahl von Formen, welche in der starken Einschnü-
rung der Glieder am Steinkerne und in den hochgewölbten und durch
scharfe Furchen getrennten Rippen eine ganz ähnliche Tracht wie
jener besitzen, auch die Periodicität der Glieder und Astbildung
(entwickelte Astnarben und Astspuren von bündelig zusammen-
gezogenen Bälken gebildet) mit jenem gemeinsam haben, sich aber
durch sehr abgekürzte Glieder von ihm unterscheiden, welche sich
am ganzen Stamme oder wenigstens über grössere Strecken desselben fast gleich verhalten. Im allgemeinen ist auch der Abstand
der Astnarben ein grösserer als bei C. varians, so dass dieselben
sich nicht berühren wie dort. Perjode meist 8 Glieder, schwankt
aber von 5—12. Knötchen fehlen. (Weiss, Steinkohlen-Calamarien,
II. 81 u. 82.)

Calamites Suckowi Brongn. . . . . I. 6.
    (Sammlung d. k. k. Bergakademie in Příbram. Localität: Brouchon,
Mähren.)

Glieder der unteren und mittleren Stammtheile (mindestens vorherrschend) breiter als hoch, Rippen von mässiger Breite
(8—9 auf 20mm), welche ziemlich flach sind, von schmalen rinnen-
förmigen Rillen eingeschlossen werden und in flacher Nodiallinie
endigen. Knötchen meist gross, elliptisch oder rund. Rinde ziemlich dünn. (Weiss, Steinkohlen-Calamarien II, 129.)

Calamites *cannaeformis* Schloth. . . . . I, 7.
(Sammlung d. k. k. Bergakademie in Příbram. Localität: Brüx, Böhmen.)

Die Rippen des Steinkerns sind gewölbt, an den Enden mässig zugespitzt und durch tiefe Furchen getrennt. Die Kohlenrinde meistens dünn. Die Glieder im unteren Theile des Stammes kurz; nach oben hin länger als ihr halber Durchmesser. (Roemer, Lethaea geognostica, 145.)

Calamites *(Eucalamites) ramosus* Artis . . . . I, 8.
(Weiss, Steinkohlen-Calamarien II. Bd., VII, 2.)

Internodien meist viel länger als breit; Rippen 1·5—3·∞ breit, flach, Furchen scharf, an der Gliederung theils abwechselnd, theils senkrecht zusammenstossend. Kohlenrinde dünn. Grosse Astnarben zu 2 in jeder Gliederung und an den benachbarten in gekreuzter Stellung. C. ramosus wurde in Zusammenhang mit der unten als Annularia (typ. radiata) besprochenen Belaubung gefunden. (Potonié, Lehrb. d. Pflanzenpal. 195; Weiss, Aus d. Steinkohlenformation, 10; Derselbe, Steinkohlen Calamarien II, 99.)

Calamites *(Eucalamites) cruciatus* Sternb. . . . . I, 9, 10.
(Sammlung d. k. k. Bergakademie in Příbram. Localität: Mährisch-Ostrau; Mitterhau, Böhmen.)

Internodien viel kürzer als ihr Durchmesser; auf den Nodiallinien stehen je 3—9 (und mehr?) Astnarben in regelmässiger Alternation, zwischen den letzteren vereinigen sich gern in der Nodiallinie je mehrere Längsfurchen in einem Punkt. Die Internodien der Steinkerne sieht man häufig in 3 Querzonen gegliedert: eine mittlere, breite, ohne oder nur mit schwacher Andeutung von Rippen, und über und unter dieser Zone, bis an die Nodallinien heranreichend, je eine über die mittlere hervorgewölbte Zone, „Manchette", mit deutlichen Furchen und Rippen. Sterzel hat die Entstehung dieser Steinkerne geklärt durch Untersuchung von Resten, an denen vier in einander steckende Hohlcylinder aus Kohle vorhanden waren. (Potonié, Lehrbuch d. Pflanzenpalaeontologie, 195 u. 196.)

Calamites *Cisti* Brongn. . . . . I, 11.
(Brongniart, Histoire des vegetaux fossiles, XX, 1.)

Rippen schmäler und schwächer, aber gekielt, Rinde dünn, Knötchen meist scharf. Glieder verlängert, wenig eingeschnürt, abgekürzt nur am Grunde des Stammes. (Weiss, Flora d. jüngsten Steinkohlenformation, 114 u. 115.)

Calamites *gigas* Brongn. . . . . I, 12.

<small>(Weiss, Flora d. jüngsten Steinkohlenformation, XIV, 2.)</small>

Durch die spitzwinkelige Zuspitzung der sehr breiten gewölbten Rippen an den Enden und durch die bedeutende, oft mehr als 1 Fuss im Durchmesser betragende Dicke der Stämme ausgezeichnet. Die Rippen verhalten sich zuweilen sehr unregelmässig. Einzelne derselben sind viel breiter als die übrigen und greifen über zwei Glieder hinweg. Sie sind oben und unten langspitzig, mit anderen Worten die Nodiallinie sehr stark zickzackförmig und zwar mit gern ungleich-langen Zacken. Die Internodien sind im unteren Theile des Stammes immer kurz, niemals dem Durchmesser an Länge gleichkommend. Jüngere Theile des Stammes zeigen dagegen Glieder, welche zum Theil länger als breit sind. (Roemer, Lethaea geognostica, 145; Potonié, Lehrb. d. Pflanzenp. 195.)

B. Die Beblätterung.

Neben den Steinkernen der Calamarien liegend, und in einigen seltenen Fällen auch denselben ansitzend, findet man Zweige vor, welche als Abdrücke vorliegen und häufig ihre Substanz in Kohlenrinde umgewandelt zeigen. Sie sind gegliedert, wirtelig beblättert, d. h. auf jeder Querzone mehrere gleichartige Blätter erzeugend, und lassen auf ihren älteren, stärkeren Internodien die calamitenähnliche Streifung wahrnehmen, weswegen man sich gewöhnt hat, sie zu den Calamarien zu rechnen. Nach der verschiedenen Beschaffenheit der Blattwirtel unterscheidet man unter ihnen zwei Gattungen, von denen die eine Gattung den Namen Asterophyllites Brongn., die zweite den Namen Annularia Sternb. trägt.

Asterophyllites Brongniart. . . . . II, 1—8.

Blätter von einander getrennt; sie stehen nur selten in der Weise rechtwinklig ab, wie bei der folgenden Gattung Annularia Sternb., sondern zeigen gewöhnlich vorwärts. Sie sind einfach, im allgemeinen schmal, nadelförmig oder lineal von sehr wechselnder, mitunter beträchtlicher Länge. In manchen Stücken schwer oder kaum von Annularia zu unterscheiden. (cc. Sohns-Laubach, Einleitung in die Palaeophytologie, 332; Potonié, Lehrb. d. Pflanzenp., 201.)

Asterophyllites *equisetiformis* Brongn. . . . . II, 3, 4.
(Sammlung d. k. k. Bergakademie in Příbram. Localität: Schlan-Rakonitz, Böhmen; Kladno, Böhmen.)

Durch sehr schmale, pfriemenförmige, schwach nach innen gebogene Blätter und lange an den Knoten eingeschnürte Internodien ausgezeichnet. (Roemer, Lethaea geognostica, 146.)

Asterophyllites *longifolius* Brongn. . . . . II, 1, 2.
(Sammlung d. k. k. Bergakademie in Příbram. Localität: Kladno, der von Stiller mit Fruchtstand.)

Durch die grosse Länge der schmalen linearischen Blätter und durch die bedeutende Zahl derselben in jedem Wirtel ausgezeichnet. Der Stengel in der Nodiallinie verdickt. (Roemer, Lethaea geognostica, 146; O. Feistmantel, Verst. d. böhm. Ablag., 1. Abth. 124.)

Asterophyllites *rigidus* Brongn. . . . . II, 6.
(Sammlung d. k. k. Bergakademie in Příbram. Localität: Kladno, Böhmen.)

Mit aufwärts gerichteten, steifen, gekielten, langen Blättern. (Roemer, Lethaea geognostica, 146.)

Asterophyllites *grandis* Sternb. . . . . II, 7.
(Sammlung d. k. k. Bergakademie in Příbram. Localität: Woixowie, Böhmen.)

Die Glieder des Stengels länger als die der Äste; die Äste abstehend; die Blätter kürzer als die Glieder, ein- und aufwärts gebogen, schmallinear-lanzettförmig; der Wirtel 4- bis 6blättrig. (O. Feistmantel, Verst. d. böhm. Ablag., 1. Abth. 120.)

Asterophyllites *capillaceus* Weiss. . . . . II, 5.
(Sammlung d. k. k. Bergakademie in Příbram. Localität: Kladno, Böhmen.)

Die Glieder des Stengels und der Zweige so lang als breit bis (reichlich) 2mal länger als breit, an den Gliederungen angeschwollen und kantig vorragend. Die Blätter quirlständig, sehr zahlreich, sehr schmal selten breiter als 0·5ᵐᵐ, haar- oder fadenförmig, sehr lang (4—5ᶜᵐ), senkrecht abstehend bis etwas aufgerichtet, nach dem Abfallen kleine Närbchen zurücklassend. (Weiss, Steinkohlen-Calamarieae I, 61.)

Asterophyllites *foliosus* L. u. H. . . . . II, 8.

(Sammlung d. k. k. Bergakademie in Příbram. Localität: Brus, Böhmen.)

Der Stengel schlank, gestreift, gegliedert, in den Gelenken verdickt, die Aste einfach, zweireihig, die Blätter lanzettförmig, bogig, kürzer als das Glied; der Wirtel 5—10blättrig. (O. Feistmantel, Verst. d. böhm. Ablag. 122, I. Abth.)

Annularia Sternberg. . . . . II, 5—13.

Sämmtliche Blätter des Wirtels an der Basis zu einer kleinen tellerförmigen Platte verwachsen, die wie ein flacher Kragen den sie in der Mitte durchsetzenden Stengel umgibt. Die Wirtelblätter werden von je einem Nerven durchzogen, ihre Gestalt wechselt nach der Species. (zu Solms-Laubach, Einleitung in die Palaeophytologie, 331.)

Annularia *longifolia* Brongn. . . . . II, 9.

(Sammlung d. k. k. Bergakademie in Příbram. Localität: Steinzeugel, Böhmen.)

Die 4—5/2 grossen Blattwirtel aus bis 60 spiralförmig vortragenden und gespitzten, ziemlich steifen Blättern bestehend, mit kräftiger Mittelrippe. Eine schmalblätterige Varietät (var. augustifolia oder pseudostellata, weil die A. longifolia auch als stellata, Wood bezeichnet wird!) hat zahlreiche linearische, oben und unten allmälich verschmälerte Blätter in jedem Blattwirtel. (Roemer, Lethaea geognostica, 160; Potonié, Lehrb. d. Pflanzenp. ... 201; zu Solms-Laubach, Einleit. zu d. Palaeoph., 331.)

Annularia *radiata* Brongn. . . . . II, 10.

(Sammlung d. k. k. Bergakademie in Příbram. Localität: Waldenburg, Schlesien.)

Die Wirtel dieser zierlichen Pflanze bestehen aus bis 18 geraden, schmallanzettförmigen, lang-zugespitzten Blättern. Die Blätter sind weniger gedrängt als bei A. longifolia. (Brongn., Verst. d. Steinkohlenf. in Sachsen, 11; Potonié, Lehrb. d. Pflanzenp. 201.)

Annularia *sphenophylloides* Ung. . . . . II, 11.

(Sammlung d. k. k. Bergakademie in Příbram. Localität: Zwickau, Sachsen.)

Die an der Basis eingeschnürten Blättchen breiten sich am Ende spatelförmig aus und endigen in eine Spitze, die jedoch öfters umgebogen ist, in welchem Falle dann das Ende des Blättchens eingekerbt erscheint.

C. Die Fruchtstände.

Die öfters in organischem Zusammenhang mit Calamiten und Annularien gefundenen Fruchtreste haben eine ährenförmige, cylindrische Gestalt, welche bis ca. 30% Länge erreichen kann, und aus regelmässig abwechselnden, fertilen und sterilen, mehr oder weniger bei einander stehenden Blattwirteln zusammengesetzt ist.

Die Blätter der sterilen Blattkreise, welche in grösserer Zahl vorhanden sind, liegen mit ihren spitzen Enden dem nächstoberen Deckblattkreise dachziegelig an, sind entweder frei oder unterseits mehr oder weniger weit verwachsen, und schliessen die fertilen Blattwirtel gewölbeartig ein (Taf. III, Fig. 1, 2). An der Unterseite der fertilen regenschirmförmigen Blätter sitzen die Sporangien oder Samenträger.

Auf Grund des gegenseitigen Verhaltens beider Blattkreise zu einander hat E. Weiss zwei Gattungen aufgestellt und dieselben mit den Namen Calamostachys und Polystachya belegt; der letzteren soll die Huttonia nahe stehen, wogegen die Cingularia in ihrem Bau von den vorigen gänzlich abweichend ein selbständiges Genus darstellt.

Der Erhaltungszustand der Fruchtähren stellt sich auf zweierlei Weise dar: entweder sind es Versteinerungen und dann kann man beim Studium ihres Baues bis in's Detail eingehen, oder Abdrücke, an welchen die einzelnen Glieder aneinander gerückt oder locker gestellt erscheinen, wobei im ersteren Falle nur die Oberfläche, im zweiten auch die Organisation (aber viel unvollkommener) zum Vorschein kommt.

Calamostachys Weiss. . . . . II, 12, 13, 14.

Die regenschirmförmigen Sporangienblätter sind genau in der Mitte zwischen je 2 sterilen am Grunde meist zu einer Scheibe verwachsenen und mit den zunächst stehenden Wirteln alternirenden Blattkreisen inserirt, ihre Stiele stehen rechtwinklig von der Axe der Ähre ab, und tragen an ihrem mehr oder weniger deutlich schildförmig verbreiterten Ende 4 grosse Sporangien; Sporen kugelig, glatt. Ähren gestielt, am Ende der Äste mehr oder weniger zahlreich eine einfache Rispe bildend. (zu Sohms-Laubach, Eisl. in die Palaeoph., 335; Potonié, Lehrb. d. Pflanzenp. 202; Schimper-Schenk, Handb. d. Palaeont., 169.)

Calamostachys *(Stachannularia) tuberculata* Stbg. sp. II, 12. 13. 14.
(Sammlung d. k. k. Bergakademie in Pribram. Localität: Fig. 13 Swiná, Fig. 12. 14 Miröschau, Böhmen.)

Zu Calamostachys zählt E. Weiss die Gattung Stachannularia, dieselbe nur als einen besonderen Erhaltungszustand von Calamostachys auffassend.

Ähren wirtelständig, lang-cylindrisch, schlank ziemlich schmal, eng gegliedert, die meist herzgedrückten Axenglieder kürzer oder etwas länger als breit, im Mittel quadratisch erscheinend. Deckblätter zahlreich, wohl **24 bis 30** (32?) im Quirl, zuerst rechtwinklig abstehend, dann bogig aufwärts gerichtet, kurz, die Basis des nächsten Gliedes erreichend oder kürzer, lineal oder lanzettlich, öfters (bei guter Erhaltung) an der Spitze breiter und mit Spitzchen versehen, sehr fein gestreift bis glatt. Mittelrippe kann merklich (fehlend?). Sporangienträger dornenförmigdreieckig, spitz, oder säulenförmig, schmal. (Weiss, Steinkohlen-Calamarien I, 18.)

Palaeostachya Weiss . . . . II, 15—17.

Die Wirtel der sporangientragenden Blätter sind unmittelbar über den sterilen, man möchte sagen, in deren Blattachseln inserirt und stehen infolge davon nicht senkrecht, sondern mehr oder weniger spitzwinklig ab. Sonst wie Calamostachys. (zu Solms-Laubach, Einleitung in d. Palaeoph., 311.)

Palaeostachya *elongata* Presl sp. , II, 15—17 (Fig. 15 halbe Natgr.).
(Weiss, Steinkohlen-Calamarien I. Bd., XV, 1—3.)

Zweige und Fructificationen an den Gliederungen gegenständig und abwechselnd; Blätter ausgebreitet. Ähren gestielt, verlängert walzlich, kurz gegliedert (Fig 16), viele (12?) Deckblätter in jedem Kranze, schmal lanzettförmig, beiderseits verschmälert, spitz, mit Mittelrippe, gebogen, kaum länger als das folgende Glied. Sporangienträger säulenförmig, gerade, aus den Achseln der Deckblättchen (oder auch etwas höher?) entspringend, etwas gestreift, zugespitzt, mit je zwei elliptischen oder eiförmigen Sporangien, die seitlich stehen und warzige Oberfläche besitzen (Fig. 16, 17. Vergr.) (Weiss, Steinkohlen-Calamarien I, 108.)

Huttonia Sternberg . . . . II, 18.

Ähren gross, cylindrisch, gestielt. Deckblätter wirtelförmig, die der benachbarten Wirtel alternirend, 2—3 Male länger als die kurzen Internodien, fast aufrecht abstehend bis leicht gebogen, aus etwas verschmälerter Basis länglich lineal, fast plötzlich in eine lanzettlich-pfriemenförmige Spitze zusammengezogen, mit den Rändern etwas übereinandergreifend, ohne Nerven. Unter dem Blattkreise aus deren äusseren Winkel brechen scheibenförmige Träger der Sporangien hervor. Nur als Abdrücke vorliegend und der Macrostachya habituell sehr ähnlich, so dass es bei nicht genügender Erhaltung ihrer Fruchtträger kaum möglich sein wird, beide Gattungen streng von einander zu scheiden. (Weiss, Steinkohlen-Calamarien I, 79.)

Huttonia (*Macrostachya?*) *carinata* Germ. . . . . II, 18.
(Sammlung d. k. k. Bergakademie in Přibram. Localität: Miröschau, Böhmen.)

Die Ähren cylindrisch, am Ende abgerundet, über 16ᵐ lang und bis 2¹/₂ᵐ breit, sehr kurz und deutlich gegliedert; die Deckblätter dachziegelartig, gekielt, kürzer als der Durchmesser des Fruchtzapfens.

Cingularia Weiss . . . . III, 1—3. 16.

Grosse Ähren, deren Gliederungen je zwei Blattkreise tragen, von denen der obere eine sterile flach ausgebreitete, in viele Zähne auslaufende Scheibe bildet, der untere eine fertile ebenso flache, zweimal zweispaltig eingeschnittene Scheibe darstellt, deren Abschnitte je zwei grosse rundlich viereckige Sporangien auf der Unterseite tragen. (Roemer, Lethaea geognostica, 160 u. 161.)

Cingularia *typica* Weiss . . . . III, 1—3. 16.
(Weiss, Steinkohlen-Calamarien I. Bd., VIII. 2, 3. Sammlung d. k. k. Bergakademie in Přibram. Localität: Miröschau, Kladno, Böhmen.)

Ihre Charakteristik ist in der Gattungsdiagnose enthalten. Bei Fig. 1 sieht man auf die Wirtel von unten her und daher kommen hinter den Sporangienträgern die Spitzen des sterilen Blattkreises zum Vorschein, wogegen auf Fig. 2 das Grössenverhältnis der Scheide und der darunter sitzenden Trägerscheibe deutlich hervortritt. Das Original Fig. 3 aus dem Miröschauer Steinkohlenbecken stellt einen abgebrochenen plattgedrückten fertilen Blattkreis dar.

Das Original zu Fig. 16 von Kladno, trägt drei Fruchtähren,
die an einem Calamites-Stamme — höchst wahrscheinlich dem —
Calam. Suckovi — ansitzen. ,

Sphenophylleae.

Kraut- oder strauchartige Pflanzen, mit 5-tigem, gegliederten,
längsgerieften Stengel und quirlständigen Blättern. Diese in den
alternirenden Quirlen zu 6, 12 (Grundzahl immer 3) mehr oder
weniger keilförmig, entweder ganzrandig oder am äusseren Rande
gekerbt oder gezähnt, oder ein- und mehrfach mehr oder weniger
tief dichotom eingeschnitten, erste Dichotomie die tiefste, die folgenden successive weniger tief. Die Blätter werden von nebreven,
selten einfachen, meist gabelnden Nerven durchzogen. Mittelnerv fehlt.

Fruchtstand ährenförmig, die Ähren lang und ziemlich schmal,
walzenförmig, kurz gestielt, an die der Calamarien erinnernd, an
den Ästen ein- oder zweireihig, blattachselständig. Die systematische Stellung dieser Familie ist nicht sicher bekannt. Wichtige
Leitfossilien für die untere und obere productive Steinkohlenformation. Die einzige Gattung Sphenophyllum Brongniart.

Sphenophyllum *Schlotheimi* Brongn . . . . III, 6.
(Sammlung der k. k. Bergakademie in Příbram. Localität: Mičařiten,
Böhmen.)

Die Blätter nach dem Standorte verschieden, die obern ganz,
breit keilförmig mit sehr stumpfer zugerundeter Spitze, leicht gekerbt, Nerven zahlreich (15—20) an den Basis nicht in einem vereinigt, die untern, mehr oder weniger zerschlitzt oder eingeschnitten
gezahnt, ähnlich wie bei Sph. saxifragaefolium. Quirl 6-, selten
9blätterig. (Weiss, Foss. Fl. d. j. Steink. p. 135). Den letzteren
Charakter zeigen die abgebildeten Stücke von Radnic und Kir-
schau T. III, Fig. 8, 9, nämlich schmallappige tief eingeschnittene
Blätter von Sphenophyll. Schlotheimi, die von manchen als eine
Variet., d. i. Sphen. saxifragaefolium Germ, angesprochen werden.

Varietät: Sphenophyllum *saxifragaefolium* Brongn . . . . . III, 7.
(Schimper, Traité de paléontologie végét. Atlas XXV, 17. Vergr.)

In dem allgemeinen Habitus dem Sph. Schlotheimi nahe-
stehend; vorzugsweise durch die schmäleren und vorn gerade abge-

stutzten, keilförmigen, einmal eingeschnittenen Blätter unterschieden. Nervenäste (8—12) am Blattgrunde zu einem Nerven vereinigt.

Sphenophyllum *oblongifolium* Germ. . . . . . III, 4. 5 vergrössert.
(Geinitz, Die Verst. d. Steinkohlenformat. in Sachsen, XX, 11 A. 12 A.)

Blätter gabelig gespalten, ihre Zipfel mit weniger Zähnen; in der Mitte breiter. (Weiss, Aus d. Fl. d. Steinkohlenf., 12.)

Sphenophyllum *angustifolium* Germ. . . . III, 10. 11 vergrössert.
(Schimper, Traité de paléont. veget., Atlas XXV, 3. Vergr.; Germar, D. Verst. d. Steinkohlengeb. v. Wettin u. Löbejün VII, 7.)

Blätter schmal, mit 2—4 Zähnen und Nerven. (Weiss, Aus d. Flora d. Steinkohlenform., 12.)

Sphenophyllum *tenerrimum* Ett. . . . . III, 12. 13.
(Stur, Culmfl. d. Ostrauer u. Waldenburger Sch. VII, 10, 11.)

Die Blätter sehr schmal, gegabelt oder noch weiter zertheilt; selten einfach und ungetheilt. (Roemer, Lethaea geognostica, 154.)

Sphenophyllum *longifolium* Germ. . . . . III, 14.
(Schimper, Traité d. paléont. veget., Atlas XXV, 23.)

Blätter gross, 2—4″ lang, zweispaltig, gesägt, vorn breiter. (Weiss, Aus d. Flora d. Steinkohlenform., 12.)

Sphenophyllum *microphyllum* Sbbg. sp. . . . . III, 15.
(O. Feistmantel, Verst. d. böhm. Ablag. i. Abth. XIX, 4.)

Der Stengel gestreift, schlank und gebrechlich, in den Gelenken knotig, die Blätter sehr schmal, fadenförmig, theils einfach, theils unregelmässig getheilt. (O. Feistmantel. op. cit., 137.)

Filices. Farne.

Krautartige oder baumartige, meistens perennierende Pflanzen; die baumartigen palmenähnlich, mit einfachen cylindrischen Stämme, den eine Blätterkrone abschliesst.

Die in der Knospe spiral nach innen eingerollten *Blätter oder Wedel* sind meistens gestielt und einfach oder mehrfach gefiedert. Jeder Wedel besteht aus einer Hauptspindel (Rhachis) *H*, (Tab. IV, Fig. 7 b), aus der eine oder mehrere Seitenspindeln S_1, S_2 entspringen können, welche mit den ihnen aufsitzenden Theilblättchen

oder Fiederchen *f* die sogenannten Fieder *F* bilden. Fungirt die
Hauptspindel zugleich als Anheftungsstiel der Fiederchen, so ent-
steht die einfache Fiederung; in den meisten Fällen aber liegen
die Austrittstellen der Fiederchen auf den Seitenspindeln, und zwar
entweder auf den sich primär von der Hauptspindel abzweigenden
(zweifache Fiederung), oder auf den von der ersten, resp. zweiten
Seitenspindel ausgehenden Ästen (dreifache, vierfache Fiederung).
Was die Nervatur der Blätter anbelangt, so entbehren die für die
Culm- und untere productive Carbonformation charakteristischen
Gattungen, wie Adiantites, Archaeopteris, Cardiopteris, Rhacopteris,
in den Fiedern letzter Ordnung, d. h. in den Fiederchen, einer
Mittelader, und zeichnen sich durch parallelfächerig verlaufende,
einfache, gegabelte Adern aus. In den höheren Horizonten des
Palaeozoicums treten vorwiegend die Sphenopteriden und Pecopteriden auf, welche neben einer Mittelader die fiederig angeordneten
Seitenadern zeigen. Die netzaderigen (anastomosierenden) Farne,
welche ursprünglich ganz fehlten, nehmen — von dem mittleren
productiven Carbon ab — an Häufigkeit zu (Dictyopteris, Lonchopteris).

Die Blätter tragen auf ihrer Rückseite die Früchte; es sind
kapseltartige, kugelige oder eiförmige, sich durch Zerreissen der
äusseren Hülle öffnende Samenträger oder Sporangien, welche meistens als Fruchthäufchen (sori) in grösserer Zahl beisammenstehen
und häufig mit einem besonderen häutigen Schleier oder einge-
schlagenem Blattrande (indusium) bedeckt sind. Die im rohen
Zustand aus einer Zellenschicht bestehende Sporangienwand hat
manchmal eine quer- oder schief- oder länglaufende eigenthümlich
ausgebildete Zellreihe, die als Ring bezeichnet wird und durch
deren Contraction bei der Austrocknung das Sporangium (rechtwinklig zur Ebene des Ringes) aufreisst. (VII, 11, 11 *a* und *b*.)

An dieser Stelle sei noch der problematischen Blattgebilde
erwähnt, die bis jetzt mit verschiedenen Namen, wie Aphlebia,
Schizopteris, Rhacophyllum je sogar als Fucoidenreste betrachtet
worden sind, und die sich besonders bei den fossilen Farnen der
Steinkohlenzeit zahlreich an dem Stiele, der Hauptspindel und
deren Verzweigungen finden, und als echte Stützblättchen — was
noch immer fraglich ist! — angesehen werden. (Taf. VI, Fig. 6.)

Die Fructidiaceae, deren Zugehörigkeit zu den bekannten Blättern sich nicht nachweisen lässt und welche deshalb als selbständige
Gattungen und Arten behandelt werden müssen, können in 4 krie-

chende Rhizome, deren übrigens nicht allzuviele bekannt sind, und 2. aufrechte, baumartige Stämme eingetheilt werden. Von den letzteren sind derartige Reste, bei welchen die Narben der abgefallenen Blätter in alternirenden Wirteln oder in Spiralen stehen, unter dem Gesammtnamen *Caulopteris* (Taf. XII, Fig. 1, 2) zusammenzufassen, zum Unterschiede von der Gattung *Megaphytum* (Taf. XII, Fig. 5—8; Taf. XIII, Fig. 3), die durch die exact zweizeilige Stellung ihrer Blattnarben ausgezeichnet ist. Jede peripherische Narbencontour, als die Grenze des Blattpolsters, enthält eine geschlossene, kreisförmige oder ovale, und innerhalb dieser noch eine kleine verschiedenartig gestaltete Spur; man glaubt in der ersten die Grenze des abgelösten Blattstiels, in der zweiten die in die nun abgefallenen Blätter tretende Gefässbündelspur zu erkennen. (Tafel XIII, Fig. 3.)

Ausserdem ist die Rinde in den Zwischenräumen der Blattnarben mit kleinen, unregelmässig vertheilten, von zahlreichen schuppigen oder haarförmigen Anhängen herrührenden sogen. *Sprenhaarspuren* besetzt, und am unteren Ende des Stammes mit Anheftungsnarben von nach abwärts gewendeten zum Theil verzweigten fadenförmigen Luftwurzeln versehen.

Endlich gibt es noch eine andere Reihe von cylindrischen aufrechten Farnstämmen des Obercarbons und des Rothliegenden, die *Psaronien*, über deren inneren Bau wir ziemlich gut, sehr wenig aber über ihre Oberflächenbeschaffenheit, unterrichtet sind.

Die Stämme, Blattstiele und Blätter der Farne finden sich fast durchwegs von einander getrennt und in mehr weniger fragmentarischem Zustande.

Die ganz ausser Zusammenhang stehenden und gar nicht so selten vorkommenden Stämme sind meistens verkohlt oder als blosse Steinkerne erhalten und lassen eine eingehendere anatomische Untersuchung nur selten zu; zur Unterscheidung von Gattungen bedient man sich der Stellung und Form der Blattnarben und ihrer Gefässbündelspuren. — Von den Wedeln liegen gewöhnlich vom Stamme abgefallene Bruchstücke vor, welche uns fast immer nur ihre obere Fläche zeigen. Die auf der Rückseite der Blätter befestigte Fructification, auf der die Eintheilung der lebenden Farne gegründet ist, kommt daher in den seltensten Fällen zum Vorschein, und lässt auch dann nur ausnahmsweise die für das recente Farnsystem in der ersten Reihe in Betracht kommende Beschaffenheit der Sporangien und des Indusiums bestimmen. Die Erklärung einer so

9*

seltenen Fruchterhaltung erblickt man in der Concavität und der Rauhigkeit der unteren Fiederchenflächen, welche Eigenschaften eine festere Verbindung mit dem Muttergestein bedingen. — Mit Rücksicht auf die eben besprochene mangelhafte Farnüberlieferung wurde die von Brongniart eingeführte und den geologischen, beziehungsweise bergmännischen Zwecken Genüge leistende systematische Gliederung der Farne wesentlich beibehalten; sie basirt auf den sterilen (keine Früchte tragenden) Resten, indem sie die Form der letzten Theilblättchen (*Fiederchen* und *Zipfel*) und die Nervation als Unterscheidungsmerkmale der Gattungen und Arten benützt. Für die bis jetzt gefundenen *fertilen* (fructificirten) und verhältnissmässig wenig bekannten Arten sind vorläufig nach Weiss's Vorgehen neue provisorische Gattungen aufgestellt, deren Zugehörigkeit zu den sterilen Resten durch das erwünschte gewissenhafte Aufsammeln in der Zukunft bestätigt werden soll.

I. Wedelreste.

Classification der Wedelreste.

A. Sterile Wedel.

I. Familie: **Sphenopterideae.**	1. Gattung:	*Sphenopteris.*
	2. „	*Rhodea.*
	3. „	*Mariopteris.*
	4. „	*Diplothmema.*
II. Familie: **Archaeopterideae.**	1. „	*Adiantites.*
	2. „	*Cardiopteris.*
	3. „	*Rhacopteris.*
	4. „	*Noeggerathia.*
	5. „	*Triphyllopteris.*
III. Familie: **Pecopterideae**	1. „	*Pecopteris.*
	2. „	*Alethopteris.*
	3. „	*Callipteridium.*
	4. „	*Callipteris.*
	5. „	*Odontopteris.*
	6. „	*Lonchopteris.*
IV. Familie: **Neuropterideae**	1. „	*Neuropteris.*
	2. „	*Dictyopteris.*

3. Gattung: *Taeniopteris*.
4.   „   *Cyclopteris*.

Aphlebia.

B. Fertile Wedel.

I. Familie: Schizaeaceae   1. Gattung: *Senftenbergia*.
II.   „   Marattiaceae.   1.   „   *Scolecopteris*.

Sphenopterideae.

Krautartige Farne mit einfachem oder getheiltem, einmal oder zwei- und dreifach gefiederten Wedel; die Fiederblättchen keilförmig oder lappig; die Lappen gezähnt oder selbst wieder gelappt; der Hauptnerv dünn, wenig deutlich, gegen das Ende gewöhnlich getheilt. Die Secundär-Nerven divergirend und bis zu den Einschnitten der Zähne oder Lappen verlaufend; die Nerven dritter Ordnung entweder undeutlich oder nur aus den unteren Secundär-Nerven unter sehr spitzem Winkel entspringend. Die Hauptspindel und die Äste derselben häufig schmal geflügelt.

Die Arten mit breiten Fiederblättchen können zuweilen ebensogut zu den *Pecopteriden* als zu den Sphenopteriden gerechnet werden. (Roemer, Lethaea geognostica, 167; Schimper-Schenk, Handb. d. Palaeont. 103; Renault, Cours de botanique foss. III, 187.)

Sphenopteris Brongniart.

III, 13—24. IV, 1—14.

Der Wedel zwei- bis dreifach gefiedert, oder zwei- bis dreifach federtheilig. Fiederchen letzter Ordnung sind im Ganzen kreisförmig, lappig, seltener fast ganzrandig, an der Basis keilförmig. Die grössten unteren Lappen sind gezähnt oder handförmig gelappt. Nerven gefiedert, indem von einem ziemlich deutlichen Mittelnerven einfache oder gespaltene Nebennerven auslaufen, die sich in den einzelnen Lappen einmal oder mehrfach gabeln und sich durch sehr spitzwinkligen Austritt der Tertiärnerven von der Pecopteris-Nervatur unterscheiden. (Roemer, Lethaea geognostica, 169; Solms-Laubach, Einleit. in d. Palaeophytologie, 138.)

Sphenopteris *obtusiloba* Brongn. III, 23. 23 a. IV, 1. 1 a. 1 b vergr.
2. 2 a vergr.

(Sammlung d. k. k. Bergakademie in Příbram. Localität: Illas Fig. 23.)

Wedel zwei- bis dreifach gefiedert mit winkelig hin- und hergebogener Spindel. Die Fieder alternirend gestellt und abstehend; die Fiederblättchen kurz, breit, dreieckig oval und zwei- bis fünflappig; die Lappen gerundet und ganzrandig. Nerven zahlreich, ein- oder mehrfach dichotomirend, bis zum Rande der Lappen reichend, an Stärke schnell abnehmend. (Roemer, Lethaea geognostica, 169. Weiss, Aus d. Flora d. Steinkohlenformation. 13.)

Wie diese Species variiren kann, zeigen die Abbildungen IV, 1. 1 a und 1 b (Andrae, Vorwelt. Pflanzen etc. IX, 4, 7.4, 5.4) und IV, 2, 2 a (Andrae, op. cit. VIII, 1, 4 a), welche — obwohl unter verschiedenen Namen beschrieben — theils die *Blattwedel* (IV, 1, 1 a und 1 b), theils die *Blattspitze* (IV, 2, 2 a) von Sph. obtusiloba darstellen. (Star, Vorlage d. Farne d. Carbonflora d. Schatzlarer Schichten, Verhandl. d. k. k. geol. R.-A. 1885. Nr. 4. Sep.-Abdr. 4, 5.)

Sphenopteris *acrocarpa* L. & H. . . . . IV, 14. 14 a.
(Sammlung d. k. k. Bergakademie in Příbram. Localität: 14 Mirschau, Böhmen; 14 a Nueschau, Böhmen.)

Wedel zweifach gefiedert; Fiederchen verkehrt — eirund und meist dreilappig, theils gestielt, theils sitzend, die oberen ganzrandig und zusammenfliessend. Nerven durch wiederholte Gabelung zahlreich und ausserst fein, weit vom Rande auslaufend. (Fig. 14 a.) (Gutbill, Verst. d. Steinkohlenf. in Sachsen, 14; Lindley and Hutton, Foss. Flora of Great Britain II, 49X.)

Sphenopteris *elegans* Brongn. . . . . III, 17—21.

Fig. 17—19. Sammlung der k. k. Bergakademie in Příbram. Localität: Szilée, Böhmen.

Fig. 17 e. Grösze, Verst. d. Steinkohlenf. Sachsen XXIV, 5.3 vergr.

Fig. 20. Sammlung d. k. k. Bergakademie in Příbram. Localität: Radnitz, Böhmen.

Zipfel schmal, verlängert keilförmig, vorn abgestutzt, einnervig, mehrfach gefiedert; Fiedern lincal-lanzettlich. (Weiss, Aus d. Flora d. Steinkohlenf., 13.)

Sphenopteris *palmata* Sch. . . . . IV. 5.

(Sauveur, Végétaux foss. d. terrain houiller de la Belgique, XVII. 2.)

Die öfters dichotomirenden Wedel mit hoher und breiter Hauptspindel sind zweifach gefiedert; Fiederchen genähert, gege-

heil fächerig, meistens mit drei Lappen, deren Zipfel schmal-keilförmig und einaderig erscheint.

Sphenopteris *acutiloba* Sthg. . . . . IV, 6, 6 a vergr.
(Andrae, Vorweltl. Pflanzen etc. VI, 1, 1 a.)

Wedel zweifach gefiedert. Fiedern abwechselnd, die gleichfalls abwechselnden Fiederchen aufsitzend, die unteren rundlich fächerigfiedertheilig, die oberen eiförmig tief fiedertheilig, ihre zwei- bis dreilappige Zipfel keilförmig, Lappen lineae-lanzettlich, spitzig, die Hauptspindel mit einem schmalen Rande versehen; ohne sichtbaren Nerven. (Ettingshausen, Steinkohlenfl. v. Radnitz, 35.)

Sphenopteris *flexuosa* Guth. . . . . IV, 8.
(Guthier, Abdr. u Verst. des Zwickauer Schwarzk., 32.)

Wedel doppeltfiederig, eiförmigen Umrisses, Spindel hin- und hergebogen, Fiedern kurz, abwechselnd, weit abstehend; Fiederchen des unteren keilförmig, dreitheilig, die oberen mehr länglich, alle 2zähnig. (Guthier, op. cit., 33.)

Sphenopteris *lanceolata* Guth. . . . . IV, 11.
(Guthier, Abdr. u. Verst. des Zwickauer Schwarzk. V, 18.)

Wedel doppelt fiederig, länglich lanzettlich, Spindel schwach, Fiedern kurz, fast gegenständig oder wechselnd, abstehend, gegen den Gipfel aufrecht abstehend; Fiederchen keilförmig, fiederspaltig, Fiederschnittchen lanzettlich, abgerundet. — Nerven sind nicht sichtbar. Häufig gefundene Fragmente lassen auf grössere Wedel schliessen. (Guthier, op. cit., 34.)

Sphenopteris *dissecata* Goepp. . . . . V, 2. 3.
(Stur, Culmfl. d. mähr.-schles. Dachschief VI, 6, 7.)

Die Wedel drei- bis vierfach fiedertheilig; die Fiederlappen schmal keilförmig. Fig. 2 u. 3 unvollständige Wedel. (Roemer, Lethaea geognostica, 179.)

Sphenopteris *Brownii* Guth. . . . . IV, 3. 3 a.
(Geinitz, Verst. Steinkohlenf. Sachsen, XIII, 11.)

Wedel dreifiederig (bei unserer Abbildung fehlt die Hauptspindel!), Fiedern erster Ordnung abwechselnd, Fiedern zweiter Ordnung genähert, Fiederchen kurz, länglich, eirund, ihre Zipfel spitzlich, die unteren zuweilen zwei- und dreispaltig. Die

Nerven theilen sich fiederig nach den Fiederzipfeln. (Gutbier, Abdr. u. Verst. des Zwickauer Steinkohlengeb., 37.)

Sphenopteris *Gravenhorsti* Brongn. . . . . . . IV, 4. 4 a vergr.

(Geinitz, Verst. Steinkohlenf. Sachsen, XXIII, 11, 11 a.)

Wedel dreifiederig, mit genäherten, abwechselnden Fiedern, von denen die zweiter Ordnung lanzettförmig sind. Fiederchen klein, sitzend, ei-lanzettförmig mit 3—5 unregelmässigen Lappen versehen, welche zum Theil wieder gezähnt sind. (Geinitz, op. cit. 15.)

Sphenopteris *coralloides* Guth. . . . . IV, 12; V, 7, 7 a.

(Sammlung d. k. k. Bergakademie in Příbram. Localität: Neukhütte, Böhmen; Geinitz, Verst. d. Steinkohlenf. in Sachsen XXIII, 17, 17 a.)

Wedel ist zwei- auch dreifach gefiedert, die ziemlich genäherten Fieder sind wechselständig, sitzend und stehen fast unter rechtem Winkel von der etwas geflügelten oder knotigen Spindel ab. Die Fiederchen sind sehr genähert, wechselständig, sitzend, abstehend, länglich-lanzettlich, stumpflich, mehr oder weniger tief fiederspaltig; die Abschnitte der Fiederchen sehr genähert, gegen- und wechselständig, fast sparrig abstehend, länglich, am Rande gekerbt, sehr stumpf. Die secundären Nerven, welche aus dem ziemlich mächtigen Mediannerven entspringend, die Lappen d. r Fiederchen versorgen, sind sehr fein und geben tertiäre Nervchen ab, die, sich gabelig verästelnd, den Randkerben der Lappen zulaufen. Die Länge und Form der Fiederchen sowie die Beschaffenheit ihrer Einschnitte variiren bei dieser Art sehr. (Ettingshausen, Steinkohlenfl. v. Stradonitz, 13.)

Sphenopteris *acutiloba* Stbg . . . . V, 1.

(Sammlung d. k. k. Bergakademie in Příbram. Localität: Ples, Böhmen.)

Wedel dreifach gefiedert, Fiedern abwechselnd, fast sparrig abstehend, die unteren zweifiederig, die oberen einfach gefiedert. Fiederchen abwechselnd, eiförmig, tief fiederspaltig, die unteren zwei- bis dreipaarig, die obersten dreitheilig, mit linealen, einen spitzeren Lappen, Nerven fiederig. (Ettingshausen, op. cit. 36.)

Sphenopteris *Sternbergii* Ett. . . . . IV, 13, 13 a.

(Sammlung d. k. k. Bergakademie in Příbram. Localität: Ples, Böhmen; 13 a Vezgr. Ettingshausen, Steinkohlenfl. v. Radnitz XX, 2.)

Wedel gefiedert, Fiederchen sparrig abstehend, abwechselnd, genähert, sitzend und schmal-lineal, eingeschnitten-fiederspaltig, die Hauptspindel glattrand; die Secundärnerven aus dem sehr deutlichen Mittelnerven unter einem spitzen Winkel entspringend, in jedem Lappen dichotomirend. (Ettingshausen, Steinkohlenf. v. Radnitz, 42.)

Sphenopteris *Essinghi* Andræ . . . . V, 13. 13 a. 13 b.
(Andræ, Vorweltl. Pflanzen etc. VII, 2. 2 a, 3 a.)

Ähnlich der Sph. Sternbergii Ett., aber in allen Theilen grösser, Zähne stumpf, kurz, die Unsymmetrie noch deutlicher als bei der erwähnten Species. (Weiss, Aus d. Flora d. Steinkohlenf., 14.)

Sphenopteris *grypophylla* Goepp. . . . . V, 14. 14 a.
(Weiss, Aus der Flora d. Steinkohlenf. XII, 78. 78 a.)

Fiederchen klein, zweilappig, treten zu kurzen linealen Fiedern zusammen, die steil abstehen; dreifach gefiedert; 14 a Vergrösserung. (Weiss, op. cit. 14.)

Sphenopteris *distans* Brongn. . . . . III, 21. 21 a.
(D. Stur, Die Culmflora des mährisch-schlesischen Dachschiefers VI. 4.)

Fiedern mehr oder weniger entfernt stehend, Fiederchen rundlich-keilförmig, Spindeln etwas hin- und hergebogen, Hauptspindel mit feinen Härchen; 4fach gefiedert. (Weiss, Aus der Flora der Steinkohlenformation, 12.)

Sphenopteris *Höninghausi* Brongn. . . . . . IV, 7. 7 a. 7 b vergr.
(Andræ, Vorweltl. Pflanzen etc. IV, 1. 1 a, 2 a.)

Kleine Fiederchen treten zu schmal lanzettlichen Fiedern zusammen, theils mehr rundlich mit kurzen Zipfeln (IV, 7 b), theils mit längeren schmalen Zipfeln (IV, 7 a). Hauptspindel mit Spreuhaaren bedeckt. Mehrfach gefiedert. 7 a u. 7 b Vergrösserungen. (Weiss, Aus d. Flora d. Steinkohlenf., 13.)

Sphenopteris *trifoliata* Artis sp. . . . . V, 11. 11 a.
(Andræ, Vorweltl. Pflanzen etc. XI, 1. 1 a.)

Fiederchen gedrängt, unten dreilappig, oben ganz, spatelich, lineale Fiedern bildend; dreifach gefiedert. 11 a Vergrösserung. (Weiss, Aus d. Flora d. Steinkohlenf. 13.)

Sphenopteris *Goldenbergi* Andræ . . . . V, 12. 12 a, b.
(Andræ, Vorweltl. Pflanzen etc. XIV, 1. 1 a, 2 a.)

Fiederchen eiförmig, gesägt, nach unten herablaufend, Fiedern lineal, steil abstehend; dreifach gefiedert. 12 a und b Vergr. (Weiss, Aus d. Flora d. Steinkohlenf. 13.)

Sphenopteris *delicatula* Brongn, ... III, 22. 22 a.
(Brongniart, Hist. vég. foss. I. VIII, 4. 4 A.)

Wedel dreifach gefiedert; Fiedern und Fiederchen abwechselnd, abstehend, eiförmig; Fiederchen zweiter Ordnung unten gestielt, tief zerschlitzt, abgestumpft, mit linearen, abgestumpften Zipfeln und einfachen Nerven. Die Hauptspindel glatt/rund. (Schimper, Traité de paléont. végét. I, 415.)

Sphenopteris *stipulata* Gutb. . . . . V, 8. 8 a.
(Andrae, Vorwelt. Pflanzen etc. XIII, 4. 4 a.)

Wedel dreifach gefiedert, die primären Hauptspindeln in der unteren Partie kräftiger, in der oberen Partie — sowie die secundären Spindeln — schlank, mit sichelförmigen Haaren bedeckt, nach deren Abfallen punctirt (Fig. 8 a). Die Fiedern sind länglich-oval, die Fiederchen ähnlich gestaltet, fiederspaltig oder lappig. Die Lappen, deren man gewöhnlich 5—7 zählt, kurz, gerundet und nicht selten undeutlich gekerbt. Der Mittelnerv, welcher schwach hin- und hergebogen ist, sendet in jeden einen gefiederten Seitennerv, dessen Zweige in den älteren Fiederchen gabelig sind. (Schimper, Traité de paléont. végét. III, 464—465; Geinitz, Verst. d. Steinkohlenf. in Sachsen, 18 u. 19.)

Sphenopteris *tridactylites* Brongn. . . . . . IV, 9, 10. 10 a vergr.
(Geinitz, Verst. d. Steinkohlenf. in Sachsen, XXIII, 13. 14.)

Wedel zwei- bis dreifiederig, mit abwechselnden abstehenden, einander genäherten Fiedern, die eine steife Rhachis besitzen. Die abstehenden Fiederchen sind verlängert-eiförmig und tief fiederspaltig. Ihre einzelnen Abschnitte sind stumpf-keilförmig und meist dreilappig, die oberen schmäler und gewöhnlich nur zweilappig oder einfach. Die Länge eines Fiederchens beträgt durchschnittlich 1″, der durch dasselbe laufende Nerv ist doppelt gefiedert. (IV, 10 a Vergr.) (Geinitz, op. cit. 15.)

Sphenopteris *cristata* Brongn. . . . . V, 2. 2 a, 2 b. 2 c.
(Geinitz, Verst. d. Steinkohlenf. in Sachsen XXIV, 1. 1 A. 2 A, 2 B, 2 C.)

Wedel zweifiederig, mit verlängerten abstehenden Fiedern und länglich-ovalen Fiederchen, die sich an der Basis etwas zusammenziehen. Die unteren Fiederchen sind fiederspaltig und mit kurzen, meist dreizähligen Lappen (Fig. 2 a, 2 b rechts), die oberen sind nur unregelmässig gezähnt (Fig. 9 b links). In die kurze Spitze eines jeden Zahns verläuft ein Zweig des gabeligen Seitennerven. Die Fruchthäufchen, die sich in den Achseln der Seitennerven entwickeln (Fig. 9 c), bestehen aus 5—7 rundlichen Kapseln. (Geinitz, op. cit. 16.)

Sphenopteris (*Hymenophyllites*) *furcata* Brongn. V, 15. 16. 16 a. 17.

(Geinitz, Verst. d. Steinkohlenf. in Sachsen XXIV, 9. 9 a, 11. Sammlung d. k. k. Bergakademie in Příbram. Localität: Radnitz, Böhmen.)

Wedel gabelig und zweifiederig, mit zusammengedrückter gedingelter Rhachis, welche knieförmig gebogen ist, und mit senkrecht abstehenden Fiedern, die an den Knien entspringen, versehen ist. Die mit schmaler Basis an ihnen sitzenden Fiederchen sind schiefeiförmig, tief fiederspaltig, und mit 2- bis 3lappigen oder auch handförmig getheilten Abschnitten versehen, deren divergirende Lappen an ihrer Spitze theilweise zweizähnig sind. Der Seitennerv dringt nach wiederholter Gabelung bis in die verschiedenen Lappen und Zähne eines jeden Abschnittes Fig. 16 a.

Diese Art tritt in mannichfachen Varietäten auf, welche auf verschiedenes Alter, verschiedene Stellung der Fiederchen am Wedel und eine üppigere oder spärlichere Entwickelung dieser Farne zurückgeführt werden können. (Geinitz, op. cit. 17.)

Rhodea, Presl.[*]
VI, 1 u. 4.

Fiedern letzter Ordnung resp. Lappen durchaus lineal, meist schmal, einnervig, die Nerven sehr oft nicht bemerkbar. Wedel-Elemente fiederig angeordnet oder fiederig gabelig. (Potonié, Lehrb. d. Pflanzenpaläont., 154.)

Rhodea *Stachei* Stur. . . . . VI, 4.

(Stur, Culm-Flora d. Ostrauer u. Waldenburger Sch. XV, 7.)

Zipfel lineal, kürzer und schmäler als bei Sphenopteris elegans Brongn., bis fast fadenförmig; Fiedern lineal; mehrfach gefiedert. (Weiss, Aus d. Flora d. Steinkohlenf. 13.)

---

[*] Um den Gattungscharakter besser zur Anschauung zu bringen, mag Rhodea patentissima Ett. sp. VI, 1 aus Stur's Culm-Flora d. mähr.-schles. Dachschiefers IX, 2 Aufnahme finden.

Mariopteris, Zeiller.

V, 10. 10 a; VI, 5. 16; VII, 7.

Die wohl kletternde Hauptspindel trägt abwechselnde Secundärspindeln, die an ihrem Gipfel in kurze symmetrische Zweige gegabelt sind; jeder Zweig theilt sich wieder in zwei zweifach gefiederte
Äste ein, und zwar so, dass die äusseren Fiedern viel kleiner erscheinen als die inneren. Fiederchen mehr oder minder genähert,
theils zusammenstossend, theils frei und an der Basis eingeschnürt,
schief und an der Hauptspindel ein wenig herablaufend, ganzrandig
oder in wenig tiefe Lappen getheilt. Das unterste Fiederchen hat
eine von den folgenden verschiedene Form, es ist gelappt oder
fiedertheilig. Der Mittelnerv ist gewöhnlich deutlich und geht bis
fast in die Spitze der Fiederchen, neben ihm können kleine Secundär-
Nerven entspringen. Die Fiederchen schwanken zwischen dem sphe-
nopteridischen und pecopteridischen (siehe die Gattung Pecopteris!)
Habitus. (Renault, Cours de botanique fossile III, 193, 195; Potonié, Lehrb. d. Pflanzenpalaeont., 140.)

Mariopteris muricata Zeiller. . . . . VI, 5. 16.
(Stur, Carbon-Flora d. Schatzlarer Schichten XXII, 1.; Sammlung d.
k. k. Bergakademie zu Příbram. Localität: Schatzlar, Böhmen.)

Der Wedel ist dreifach gefiedert; die Fieder sind länglich-
lanzettlich, schräg zu den Spindeln. Auch die Fiederchen sind
schief abstehend und alternirend, die obersten eiförmig-lanzettlich,
genähert, etwas an der Spindel herablaufend, die unteren entfernt
stehend mehr oder minder unregelmässig fiedertheilig mit eiförmig-
zugespitzten Lappen. Die Secundärnerven unter einem spitzen
Winkel dem deutlichen Mittelnerven entspringend, einfach dichotomirend, einige von ihnen, die der Basis nahe stehen, direct von
der Spindel auslaufend. (Stur, op. cit. 393. Goeppert, Fossile
Farnkräuter, 313; Roehl, Foss. Flora d. Steinkohlenf. Westphalens, 78.)

Mariopteris nervosa Zeiller. . . . . VII, 7.
(Essay-Jart, Hist. végét. foss. XCIV, 1.)

Fiederchen dreieckig ganzrandig oder kaum gezähnt, mit der
ganzen Basis ansitzend, herablaufend, schief, mehr oder weniger
zusammenstossend. Das oberste Fiederchen jeder Secundär-Fieder
oval oder oval-lanzettlich, manchmal sehr eng, das unterste Fieder-

chen gewöhnlich in zwei abgestumpfte Lappen getheilt. Der Mittelnerv sehr deutlich bis in die Spitze der Fiederchen auslaufend, die Secundär-Nerven fein, einfach oder dichotom, mit dem Mittelnerven einen spitzen Winkel bildend, die der Basis nahen wie bei der vorigen Species der Spindel entspringend. (Renault, Cours de botanique fossile III, 195.)

Mariopteris *latifolia* Brongn. . . . . V, 10, 10 a.
<small>(Brongniart, Hist. d. végét. foss. LVII, 4 ; Roehl, Foss. Fl. d. Steinkohlenf. Westphalens XXXI, 1 = Fiederchen vergr.)</small>

Nahezu Pecopteris-Typus (siehe unten!). Blättchen grösser als bei voriges. Nerven zahlreich und mit sehr deutlichem Mittelnerv; unterste Fiedertheilchen an der Spindel tief zweispaltig (Fig. 10 a). Der Wedelstiel gabelt sich zuerst zweimal, dann trägt jeder Zweig einen zweifach gefiederten Fiedertheil. Gewöhnlich finden sich nur Bruchstücke von letzteren. (Weiss, Aus d. Flora d. Steinkohlenf., 14.)

Diplothmema, Stur.
VI, 2. 3.

Der Wedel aus zweitheiligen, zwei-, drei- oder vier fiederspaltigen Fiedern bestehend; die Hauptspindel spaltet sich an ihrem oberen Ende in zwei Nebenspindel, die unter einem grösseren oder kleineren Winkel von einander abstehend zwei Fieder tragen, welch' letztere wieder in ein- oder zweifiederige resp. fiedertheilige Secundär-Fieder zerfallen; die letzten Abschnitte sind lineal oder keilförmig. (Renault, Cours de botanique fossile III, 196.)

Diplothmema *geniculatum* Germ. et Kaulf, sp. . . . . VI, 2.
<small>(Stur, Carbon-Flora d. Schatzlarer Schichten XXVIII, 1.)</small>

Die Hauptspindel ist zwar nur schwach, aber sehr deutlich hin- und hergebogen, gekniet. Aus jedem Knie der Hauptspindel entsprangen die Seitenspindeln, die nur mehr eine kaum merkbare Flexuosität zur Schau tragen. Alle Spindeln sind von einer Medianlinie durchzogen, schwach geflügelt, und sind die Flügel derselben meist erst an ihrem oberen Ende deutlich entwickelt. Die Fiedern II. Ordnung sind oval, höchstens 2½% lang und 1½% breit, gegen die Spitze zu mit allmälich kleineren Abschnitten; die basalen Fiederchen palmat-gabelig und am grössten, sie werden gegen die Spitze zu rasch kleiner, fiedertheilig oder einfach; die Abschnitte

letzter Ordnung unter einander gleich, linear, am Ende spitzig, bis
8^{mm} lang, kaum 1^{mm} breit, die meisten zu zwei oder einzeln, von
einem Nerven durchzogen. (Stur, op. cit. 297.)

Diplothmema *Schützei* Stur. . . . . VI, 3.
[Stur, Culm-Flora d. Ostrauer u. Waldenburger Sch. XIII, 4 a.]

Der bis 6^{mm} breite Stamm ist fein längsgestreift mit kurzen
in mehrere Reihen gestellten Querrunzeln ziemlich dicht bedeckt,
stellenweise fast ganz oben, stellenweise aber von Längskanten
durchzogen, die jedoch nie deutlich geflügelt sind. Der Blattstiel
ist 1.5^{mm} breit, circa 3^{mm} lang, von einer erhabenen Mittellinie
durchzogen, querrundig und schmal geflügelt; er spaltet sich kurz
vor seinem äussersten oberen Ende in zwei unter 110—125 Graden
divergirende Arme. Die Fiedern abwechselnd, gegen die Spitze zu
nach und nach an Grösse stufenweise abnehmend, fiederschnittig;
die basalsten Fiederchen aus drei Sedriggestellten, die höheren aus
zwei, die höchsten aus einem einzigen Zipfel bestehend. Die Zipfel
sind alle gleich, eng lineal, 3—5^{mm} lang, 0.5^{mm} breit, an der Spitze
zugespitzt. (Stur, op. cit. 128—129.)

Archaeopterideae.

Fiederchen im Ganzen sphenopteridisch, d. h. im Allgemeinen
nach dem Grunde zu verschmälert; in demselben kein Mittelnerv,
sondern viele oder doch mehrere zugehende, feine, parallele resp.
gemäss der Fiederchen-Form auseinanderstrahlende, gegliederte Nerven. Charakteristisch besonders für Devon und Culm, kommt aber
auch im Unter-Carbon vor. (Potonié, Lehrb. d. Pflanzenpalaeont., 128.)

Adiantites Goepp. (zum Theil).
XI, 11, 11 a.

Wedel drei- bis fünffach; Spindel und Aeste derselben glatt,
streifund, ungeflügelt; Fiederchen zerstreut, ungekehrt eiförmig oder
abgerundet spatelförmig, zuweilen mit Einbuchtungen; Mittelnerv
sehr dünn, — er kann als schwache Einsenkung aus Grunde der
Fiederchen angedeutet werden, — Seitennerven schlierisch, unter sehr
spitzem Winkel gegabelt, bis zum Grunde verlaufend. (Schimper-
Schenk, Handb. d. Palaeont., 113; Potonié, Lehrb. d. Pflanzenpalaeont. 128.)

Adiantites *Adantifolius* Goepp. . . . . XI, 11. 11 a.
(Star, Culm-Flora d. Ostrauer und Waldenburger Schichten XVII, 4.
Goeppert, Die foss. Farnkräuter, XXI, 4.)

Wedel 3—5fach fiedertheilig; die Hauptspindel, die Primär-,
Secundär- und Tertiärrhachis längsgestrichelt und mit Höckerchen
von Trichomen bedeckt, abstehend. Die letzten Abschnitte sind
länglich mit ungleichseitiger Basis. In der Grösse zeugen sie eine
sehr beträchtliche Variation, indem die grössten bis 14ᵐ lang und
6ᵐ breit sind, während die kleinsten nur 4‰ Länge und 3‰
Breite besitzen. Die Breite und die Länge dieser Abschnitte
schwindet in der Richtung von der Spitze zur Mitte des Blattes.
Die zahlreichen Nerven fächerförmig dichotomirend. (Star. op.
cit. 180.)

Cardiopteris Schimper.
X, 5. 6.

Fiederchen wie bei Cyclopteris (siehe diese Gattung!) bis
schwach-gestreckt, etwas breiter ansitzend. Die Nerven sich am
Grunde niemals zu einem einzigen Nerven vereinigend. Bisher nur
einmal-gefiedert. Stücke gefunden. Die wenigen Arten gehören dem
Culm an. (Potonié, Lehrb. d. Pflanzenpalaeont., 131 u. 132; Roemer, Lethaea geognostica, 185.)

Cardiopteris *frondosa* Goepp. sp. . . . . X, 5. 6.
(Star, Culm-Flora d. Dachschiefers XIV, 1; Sterzel, Über die Flora
u. d. geol. Alter d. Culmformation v. Chemnitz-Hainichen Fig. 3.)

Durch die sehr bedeutende Grösse der zungenförmigen Fiederblättchen ausgezeichnet; sie können die Länge von ca. 10ᵐ erreichen. (Roemer, Lethaea geognostica, 186; Potonié, Lehrb. d.
Pflanzenpalaeont., 132.)

Rhacopteris, Schimper.
XI, 15—17.

Fiederchen manchmal fast horizontal an die Hauptspindel angeheftet, mehr oder weniger dicht gedrängt, zuweilen sich etwas
deckend, einen nach der langen Diagonale halbirten Rhombus dar-
stellend, oder schmal und etwas ungleichseitig fächerförmig, mehr
oder weniger tief eingeschnitten und in schmale keilförmige oder
auch schmal-lanzettlich zugespitzte Segmente zerfällt; Nerven vom

Grunde an und wiederholt dichotom, in den breiteren Abschnitten zu mehreren, in den schmalen einzeln in die Randzähnchen ausgehend. Auch fertil aber ungenau bekannt. Die Gattung zeichnet sich durch einen eigenthümlichen Habitus der lederartigen Wedel aus und ist auf das Ober-Devon bis Unter-Carbon beschränkt. (Schimper-Schenk, Handbuch d. Palaeont., 112; Renault, Cours de botanique fossile III. 199 u. 200.)

Rhacopteris *elegans* (Ett.) Schimper. . . . . XI, 15—17.

      (Sammelbeg d. k. k. Bergakademie in Přibram. Localität: Lohná b. «Rakonitz Fig. 15 u. 16, Stradonitz Fig. 17 Ettinew.)

Der doppelt gefiederte Wedel zeigt entfernt-wechselständige, sitzende Fiedern, die unter ziemlich spitzen bis fast rechtem Winkel von der stielrunden, etwas gefurchten Hauptspindel entspringen. Die Fiederchen sind sehr genähert, wechselständig, ziemlich divergirend, verkehrt-eiförmig oder verlängert keilig, sitzend, verschiedenartig eingeschnitten gelappt, mit fächerartig von einander weichenden, mehr oder weniger linealspitzen Lappen. Die fächerartig angeordneten Nerven sind einfach oder gabelspaltig und strahlen von der Basis gegen die Spitze der Fiederchen. (Ettingshausen, Steinkohlenfl. v. Stradonitz, 15.)

Noeggerathia, Sternberg.
XIII, 1. 2.

An einem mässig kräftigen, langgestreiften, ungegliederten, linearischen Stengel stehen zweizeilig alternirend ungestielte, umgekehrt ovale oder keilförmige, am stumpf zugerundeten Ende fein gekerbte oder auch tief geschlitzte Blätter, die von zahlreichen, gleich starken, feinen, einfachen oder dichotomischen Nerven (ohne Mittelnerven und Secundärnerven) durchzogen werden. Der Fruchtstand im comprimirten Zustande ist eine am Ende der Blätter stehende circa 2ᵐ breite, dichte Ähre, welche in einzelnen Fällen mindestens 15ᵐ Länge erreicht haben dürfte. Sie besteht aus querovalen zu Fruchtblättern umgestalteten Blattabschnitten, die ebenso wie die sterilen Abschnitte an der Rhachis zweizeilig, abwechselnd, aber so gegen einander gekehrt, also in opponirter Stellung verharrt haben, dass darum eine zusammengedrückte zweizeilige Ähre entstand mit in jeder Zeile sich ziegeldachartig deckenden Fruchtblättern. In je einem Hohlraum, der zwischen zwei untereinander-folgenden Fruchtblättern entstand, ragten die Sporangien von der oberen Fläche des unteren Fruchtblattes herein. — Hier sei nur noch hervorgehoben, dass für die Farnnatur unserer Gattung, auch von der Fructification abgesehen, der Umstand sprechen dürfte, dass dieselbe der in dieser Richtung unzweifelhaften und gleichfalls fruchtend bekannten Gattung Rhacopteris Schpr. habituell ausserordentlich ähnlich ist. Die wenigen echten Arten sind auf das Steinkohlengebirge beschränkt. (Roemer, Lethaea geognostica, p. 236 ff.; Stur, Zur Morphologie und Systematik der Culm- und Carbonfarne, p. 12 u. ff.; Solms-Laubach, Einl. in d. Palaeophytologie, p. 144—145.)

Noeggerathia *foliosa* Sternb. . . . . XIII, 1. 2.

(Sammlung d. k. k. Bergakademie in Příbram. Localität: Rakonitz und Radnitz, Böhmen.)

Die typische Art der Gattung, die umgekehrt eirunden, am stumpf zugerundeten Ende fein gewimperten Blätter umfassen den Stengel an der Basis zur Hälfte. (Roemer, Lethaea geognostica, p. 238.) Nur im Radnitzer Oberflötze und in der Liegendflötzgruppe bei Rakonitz.

Triphyllopteris, Schimper.

X, 7.

Wedel zweifach gefiedert, die Hauptspindel steil, die Fiedern eiförmig, länglich, fast sitzend. Die Fiederchen lederartig, in der unteren Partie gegenständig, dreitheilig, fast in drei Blättchen getheilt, der mittlere Lappen ganzrandig oder in drei Läppchen zerlegt, die oberen Fiederchen sind nicht so tief eingeschnitten, nur dreilappig, die gipfelständigen sind ganzrandig, gestielt, fast herablaufend, eiförmig, rhomboidal, spatelförmig. Das Endfiederchen aus drei verschieden Fiederchen zusammenfliessend, deutlich gelappt. Alle Nervchen gleich, einfach oder dichotomisirend, fächerförmig. (Renault, Cours de botanique fossile III, 203.)

Triphyllopteris *rhomboidea* (Ett.) Sch. . . . . X, 7.

(Sammlung d. k. k. Bergakademie in Příbram. Localität: Stradonitz, Böhmen.)

Der Wedel ist zweifach gefiedert; Fiedern gedrängt stehend, an der etwas hin- und hergebogenen Spindel wechselständig, in der Grösse ungleich, nach der Basis keilförmig verschmälert; Fieder-

chen lederartig, stets mehr oder weniger rhombenförmig, kurz-
gestielt. Nerven sehr zahlreich, fächerförmig, fast gerade oder im
schwachen Bogen nach dem Rande strahlend, mit schwachem Mittelnerven. (Ettingshausen, Steinkohlenflora v. Stradonitz 12.)

Pecopterideae.

Fiederchen breit-ansitzend, bei den typischen Arten normal
eingeschnürt, bei anderen die basalen Fiederchen mariopteridisch-
sphenopteridisch. Charakteristisch besonders für das obere productive Carbon, nach oben und namentlich nach unten seltener
werdend. (Potonié, Lehrb. d. Pflanzenpalaeont., 144.)

Pecopteris, Brongniart.
VI, 6—15; VII, 1—4, 6, 8, 9; VIII, 18.

Wedel einfach oder zwei- bis dreifach fiedertheilig oder zwei-
bis dreifach gefiedert. Die Fiederchen ganzrandig mit breiter Basis
angewachsen; die Nervatur ist durch fiederig angeordnete, unter
ziemlich offenem Winkel aus dem secundären entspringende Tertiärnerven charakterisirt, die einfach oder gegabelt, geradeaus und
frei zum Rand verlaufen. (Roemer, Lethaea geognostica 171; zu
Solms-Laubach, Einl. in d. Palaeophytologie, 138.)

Pecopteris *arborescens* Schloth., sp . . . . VI, 6—8.
Bezeichnung d. k. k. Bergakademie in Příbram, Localität: Zbaslau,
Mähren, Fig. 6 u. 8; Unterseite, Vergrösserungen d. Steinkohlen. . Serien
XXVIII, 7, 8 a; unsere Fig. 7, 7 b; Bezeichnet, Brot. d. veget. foss. Od, 2 A,
unsere Fig. 7 a Vergr.?

Die Wedel dreifach gefiedert. Die linearischen, stumpf-endi-
genden Fiederchen dicht zusammengedrängt und fast senkrecht auf
der Achse (Spindel) stehend. Die Secundär-Nerven einfach oder
einmal gegabelt. Auf der Unterseite der Fiederchen in zwei Reihen
grosse rundliche Fruchthäufchen, welche fast die ganze untere Blattfläche einnehmen. (Fig. 6). 7 a Vergr. von Fiederchen ohne, 7 b
mit Sporangien.

Übrigens ist die Gestalt der Fiederchen veränderlich, namentlich in Betreff des Verhältnisses der Länge zur Breite. (Roemer,
Lethaea geognostica, 176.)

Pecopteris *Candolleana* Brongn. . . . . VI, 13. 13 a.
(Brongniart, Hist. d. végét. foss. C, 1. 1 A.)

Fiederchen länglich-linealisch und stumpf, entweder nach ihrem Ende etwas verschmälert. oder auch in der Nähe der Basis etwas verengt, immer jedoch hierdurch von einander mehr abstehend als bei P. arborescens. Die von dem starken Mittelnerven ausgehenden Seitennerven sind tief gespalten und zuweilen wiederholt sich an dem oberen Zweige der gespaltenen Seitennerven die Spaltung noch einmal. (13 a Vergr.). Bei eintretender Fructification wird der Rand des Fiederchens umgebogen. wodurch sich dasselbe verschmälern muss. (Geinitz. Verst. d. Steinkohlenf. in Sachsen, 24.)

Pecopteris *oreopteroides* Goepp. . . . . VI, 9. 9 a.
(Sammlung d. k. k. Bergakademie in Příbram. Loc.: Somerset, England; Geinitz, Verst. d. Steinkohlenf. in Sachsen. XXVIII, 14 A.)

Wedel dreifiederig, mit schief abstehenden und gedrängten Fiedern und Fiederchen. Fieder zweiter Ordnung linealisch, Fiederchen länglich-oval, stumpf, an der Basis verwachsen oder bei den unteren Fiedern getrennt. Der Mittelnerv ist zickzackartig gebogen (bei allen?) und an seinen Ecken entspringen die tiefgabeligen Seitennerven, deren beiden Äste fast parallel nach dem Rande laufen. (Geinitz, op. cit. 26.)

Pecopteris *villosa* Brongn. . . . . VI, 14. 14 a. 15. 15 a.
(Geinitz, Verst. d. Steinkohlenf. in Sachsen XXIX, 7. 7 A. 8. 8 A.)

Wedel dreifiederig mit zahlreichen, fast gleich langen und linearen Fiedern zweiter Ordnung, welche oft gegen 4½ erreichen. Die Rhachis ist. wahrscheinlich durch kleine Sprossblättchen, sehr rauh. Die Fiederchen stehen sehr gedrängt, sind an dem oberen Theile des Fieders verkehrt-eirund, an seiner Basis länglich-eirund und stumpf, oben weniger, unten bis fast auf die Rhachis getrennt. Die ganze Oberfläche der Fiederchen ist mit kleinen borstenförmigen Sprossblättchen dicht bedeckt. welche den einfach-gefiederten Nerven mit seinen einfachen, zum Theil auch gabeligen Seitennerven oft nur undeutlich wahrnehmen lassen. (Geinitz, op. cit. 25.)

Pecopteris *densifolia* Goepp. . . . . VI, 10. 11. 11 a.
(Sammlung d. k. k. Bergakademie in Příbram. Localität: Zboschan, Mähren; Goeppert, Foss. Flora d. perm. Formation XVII, 1. 2.)

Wedel zwei- bis dreifach gefiedert, die Hauptspindel ziemlich vertieft rinnenförmig, die dicht aneinander stehenden Fiedern

4*

ebenso wie die Fiederchen enge an einander schliessend, alle abwechselnd gestellt, die Fiedern mit 18—20 Fiederchenpaaren, die
sich nur sehr wenig gegen die Spitze derselben verkleinern, das
Endfiederchen von der Form der übrigen, jedoch kleiner. Die
Nerven sehr charakteristisch, nur einmal und nur wenig entfernt
von der Basis, von der sie fast rechtwinkelig ausgehen, getheilt.
(Goeppert, op. cit. 120.)

Pecopteris *pennaeformis* Brongn. . . . . VII, 4. 4 *a*.

(Brongniart, Hist. d. végét. foss. CXVIII, 3. 4 *a*.)

Wedel dreifach gefiedert; die Fiedern erster Ordnung aufrecht
abstehend; die der zweiten Ordnung bei den unteren Wedeln spatelförmig, länglich-lineal; die Fiederchen dicht aneinander gestellt,
klein, eng eiförmig, an der Basis zusammengewachsen, abgestumpft,
in der Mitte gefurcht, ihre seitlichen Partien gelappt; die Secundär-
Nerven einfach dichotomirend, hie und da einfach. Die Secundär-
Fiedern des oberen Wedels eng lineal, tief gekerbt und gelappt,
die Lappen kurz und rundlich; ihre Secundär-Nerven einfach.
(Schimper, Traité d. paléont. I, 504 u. 505.)

Pecopteris *unita* Brongn. . . . . VI, 12. 12 *a* und 12 *b*.

(Geinitz, Verst. d. Steinkohlenf. in Sachsen XXIX, 4. 4 *a*. 5 *b*.)

Die linealischen Fiedern sind gedrängt und abwechselnd, nicht
selten etwas rückwärts gebogen. Die Fiederchen sind fast gleich
lang, stumpf und hängen mehr oder minder weit mit einander
zusammen. Der Rand der oberen Fieder erscheint nur gekerbt,
an den mittleren und unteren Fiedern geht die Trennung der Fiederchen bis über die Mitte und schliesslich bis an den unteren
Seitennerven herab. — An den oberen und mittleren Fiedern stehen
die Fiederchen unter den Winkeln von 70° bis 80° gegen die
Rhachis und sind etwas rückwärts gekrümmt; der in ihnen befind-
liche Mittelnerv sendet bei jüngeren und kürzeren Fiederchen nur
2, sonst gewöhnlich 5 Seitennerven unter spitzem Winkel ab. Die
Fiederchen der untersten Fieder stellen sich mehr senkrecht, nehmen
an Länge zu, und besitzen mehr Seitennerven. An jedem Nerven
entwickelt sich in der Nähe des Randes eine halbkugelige Frucht-
kapsel. (Fig. 12 *b*.) 12 *a* und 12 *b* rechts Vergr. (Geinitz, op.
cit., 25.)

Pecopteris *Miltoni* Brongn. . . . . VII, 3. 3 a.

(Sammlung d. k. k. Bergakademie Příbram. Localität: Pilsen, Böhmen; Getolta, Verst. d. Steinkohlenformat. in Sachsen XXXI, 1 C.)

Wedel dreifiederig mit fast glatter Spindel, verlängerten Fiedern erster Ordnung und länglichen, stumpfen, verhältnissmässig kurzen Fiedern zweiter Ordnung. Sämmtliche Fiedern stehen gedrängt und abwechselnd und sind wegen ihrer dünnen Rhachis nicht selten rückwärts gekrümmt. Die Beschaffenheit der Fiederchen ist nach ihrer verschiedenen Stellung am Wedel sehr mannigfaltig. Am Ende der Wedels sind die Fiedern zweiter Ordnung eiförmig und ganzrandig, bald darauf werden sie länger, gekerbt, bis federspaltig, wobei ihre Fiederchen als schief-eiförmige, ganzrandige Lappen erscheinen, welche von einem gefiederten Nerven mit gabeligen Seitennerven durchzogen werden. Mit zunehmender Tiefe am Wedel verlängert sich auch die Form der Fiederchen, welche schliesslich eine längliche ist, wobei ihr Rand mehr oder weniger wellenförmig wird, ihre Basis meist eingeschnürt ist und jeder der ziemlich entfernten Seitennerven wenigstens zwei Gabelungen erleidet. (Geinitz, op. cit. 27.)

Pecopteris *dentata* Brongn. . . . . VII, 1. 2.

(Sammlung d. k. k. Bergakademie in Příbram. Localität: Lubok b. Rakonitz u. Kladno, Böhmen; Weiss, Aus d. Flora d. Steinkohlenformat. XV, 166 a und 166 b, 2 a, 2 b verg.)

Der grosse Wedel ist dreifach gefiedert. Die Fiederchen in den verschiedenen Theilen des Wedels sehr verschieden gestaltet. In der Mitte des Wedels sind die Fiedern zweiter Ordnung länglich oval und fast ganzrandig mit gabelig getheilten Seiten-Nerven. Weiterhin werden die Fiedern deutlicher gekerbt und gelappt. Endlich werden nach der Basis des Fiedern hin die Fiederchen selbständig, obgleich sie am Grunde noch zusammenhängen. Sie sind spitz-oval. Die Seiten-Nerven sind einfach oder gegabelt. (Roemer, Lethaea geognostica. 176 u. 177.)

Pecopteris *Pluckeneti* Schloth. . . . . VII, 6. 6 a. 6 b. 6 c.

(Sammlung d. k. k. Bergakademie in Příbram. Localität: Mirbecl-au, Böhmen; Geinitz, Verst. d. Steinkohlenformat. in Sachsen XXXII, 4 A, B, C.)

Wedel doppelt federspaltig und gabelig. Die an den weiten Gabeln der Spindel sitzenden Fiedern sind linealisch. An den obersten zeigen sich die Fiederchen dreieckig-oval und fast ganzrandig (Fig. 6 a Vergr.), an den mittleren eiförmig und 3—5lappig

(Fig. 6 b und c Vergr.). — Mit der Gestalt der Fiederchen ändert sich auch die Beschaffenheit der Nerven. In den oberen Fieder- chen trennen sich von einem oben gabeligen Mittelnerven jeder- seits 2—3einfach- oder zweifach-gabelige Seitennerven ab; wo aber die Fiederchen deutlich gelappt erscheinen, entspricht auch einem jeden Lappen ein Seitennerv, der eine handförmige Fiederung anzu- nehmen strebt. (Geinitz, op. cit. 30.)

Pecopteris *argula* Brongn. . . . . , VII, 9. 9 a.

(Geinitz, Verst. d. Steinkohlenformat. in Sachsen XXIX, 1. 1 A.)

Wedel doppelt fiederspaltig, mit genäherten, von der Spindel weit abstehenden, länglich-linealischen Fiedern, an welchen zahl- reiche, fast gleich lange, an der Basis vereinigte Fiederchen senk- recht ansitzen. Diese sind länglich-stumpf-lanzettförmig und gesägt, und besitzen einen starken Mittelnerven, welcher jederseits 7—9 pa- ralle Seitennerven unter spitzem Winkel bis in die Seitenzähne des Fiederchens entsendet. Zwei benachbarte Fiederchen sind bis an den unteren Seitennerven mit einander verwachsen, wodurch zwischen ihnen eine fast glatte dreieckige Fläche entsteht, die nur theilweise und undeutlich durch eine schwache Furche gespalten wird. Die Kohlenhaut ist an dieser Stelle oft verloren gegangen, wodurch es scheint, als seien die Fiederchen bis an die Basis ge- getrennt. (Geinitz. op. cit. 25.)

Pecopteris *aequalis* Brongn . . . . VII, 8. 8 a.

(Geinitz, Verst. d. Steinkohlenformat. in Sachsen XXIX, p. 9 A.)

Wedel dreifiederig, mit rauch punktierter Rhachis und fieder- spaltigen Fiedern zweiter Ordnung. Letztere sind kurz, tief fieder- spaltig und stehen gegen die Rhachis fast senkrecht. Die gleich langen Fiederchen, die an ihrer Basis zusammenhängen, sind sehr kurz, halb-elliptisch, stumpf-gerundet und enthalten einen einfach gefiederten Mittelnerv, dessen Seitenäste einfach oder gabelig sind. (Geinitz, op. cit. 26.)

Pecopteris (*Cladopteris*) *zwergensis* Goepp. . . . . . . VIII, 13.

(Weiss, Aus d. Flora d. Steinkohlenformat. (ht. 119 c.)

Fiedern lang, lineal, stumpf, die Fiederchen so weitgehend seit- lich verwachsen, dass man nur von Lappung oder noch besser von Einkerbung sprechen kann; die Verwachsung hat zur Folge, dass die Seitennerven der benachbarten Fiederchen unter schiefen

Winkeln schwach gebogen zusammenstossen und zu Gruppen von einfach gefiederten Büscheln zusammengestellt erscheinen. Dieser Nervatio-Typus, der früher als eine selbständige jetzt aber aufgegebene Gattung Gaslopteria fengirte, soll die einfachste aus Pecopteris-Nervatur entstandene Anastomose darstellen. Der fructificirende Farn (Stichopteris genannt) hat auf der Rückseite der Fiedern sechs Reihen Fruchthäufchen, die anfänglich sternförmig sind, bald aber die ganze Fläche bedecken. Für Ostweiler Schichten bezeichnend. (Weiss, Aus d. Flora d. Steinkohlenformat., 18; zu Sehns-Laubach, Einleit. in d. Palaeophyt., 140—141; Potonié, Lehrb. d. Pflanzenpalaeont., 145.)

Alethopteris, Sternberg.
VIII, 4—19.

Der Wedel zwei- oder dreifach gefiedert; die lederartigen Fiederchen einfach, meistens völlig ganzrandig, mit breiter Basis an der Spindel angewachsen und an derselben herablaufend. Der Mittelnerv in einer seitlichen Längsfurche gelegen; die Seitennerven unter einem spitzen oder fast rechten Winkel von dem Mittelnerven abgehend, einfach oder einmal gegabelt. (Roemer, Lethaea geognostica, 180 u. 181.)

Alethopteris lonchitica Brongn. . . . . VIII, 1, 1 a.
(Brongniart, Hist. d. végét. foss. LXXXIV, 1, 1 2 .)

Der Wedel ist dreifach, — an der Spitze einfach, — gefiedert, die Hauptspindel dick und glatt, die Fiedern in der Mitte des Wedels zweifach gefiedert, die Fiedern zweiter Ordnung linear-länglich, abwechselnd. Die Fiederchen ebenfalls länglich, zweist lineal-lanzettlich, zuweilen an der Spitze stumpf, 12% lang und 3% breit, mit der ganzen Basis unter einem spitzen Winkel angewachsen, herablaufend; das Endfiederchen spitz-lanzettlich, mit den beiden oberen Fiederchen verwachsen. Der bis in die Spitze des Fiederchens verlaufende gerade Mittelnerv tritt auf der Rückseite stark hervor; die Secundär-Nerven entspringen dem Mittelnerven unter einem offenen Winkel; einige von ihnen gleich vom Anfang an dichotomirend, einige einfach und mit den vorigen alternirend. Alle laufen fast senkrecht zum Rande des Fiederchens. (Renault, Cours de botanique fossile III, 156—157; Koehl, Fossile Flora d. Steinkohlenformat. Westphalens, 72.)

56 Filices.

Alethopteris *Serli* Brongn. . . . . VIII. 2. 8. 3 a.
(Sammlung d. k. k. Bergakademie in Příbram. Localität: Blattnitz und Flas, Böhmen; Brongniart, Hist. d. végét. foss. CXXXV.)

Der Wedel doppelt gefiedert; die Fiederchen länglich, am Grunde zusammenfliessend, am Ende mehr oder weniger zugespitzt, in der Mitte mit einer tiefen Längsfurche versehen, die Endfiederchen verlängert-lanzettförmig; die Seitennerven sehr zahlreich, hiebei einfache mit dichotomisch getheilten gemischt und nahezu rechtwinkelig gegen den Aussenrand gerichtet. (Roemer, Lethaea geognostica, 181.)

Alethopteris *Grandini* Goepp. . . . . VIII. 4. 4 a. 5. 5 a.
(Zeiller, Flore houillère de Commentry XXI, 1. 2 A, 5. 7 A.)

Der Wedel stark entwickelt, die Hauptspindel dick, die Fiedern genähert, fast senkrecht abstehend. Die Fiederchen breit, durch abgerundete Intervalle von einander getrennt. Der Mittelnerv deutlich, gerade oder gebogen, sehr wenig an der Basis herablaufend, die Secundär-Nerven vom Hauptnerven unter dem Winkel 45°—60° entspringend, gebogen, durch einfache oder zweifache Gabelung in ferne sehr genäherte Nervchen getheilt; die unteren Nervchen direkt von der Hauptspindel ausgehend. 4 a. 5 a vergr. (Renault, Cours de botanique fossile III, 157; Zeiller, op. cit. 205.)

Alethopteris *aquilina* Goepp. . . . . . . , VIII. 6. 6 a. 6 b und 6 c.
(Geinitz, Verst. d. Steinkohlenformat. in Sachsen XXXI, 5. 5 A, 6 A; Brongniart, Hist. d. végét. foss. XC. 4.)

Die Fiedern rechtwinkelig abstehend, lineal, gegen die Spitze zu verschmälert, das Fiederchen länglich, herablaufend, an der erweiterten Basis verbunden, oder wohl frei bis zur Spindel und verschmälert; das Endfiederchen eiförmig-länglich. Die Secundär-Nerven zahlreich, unter einem spitzen Winkel entspringend, mehrmals dichotomirend. (Renault, Cours de botanique fossile III, 158.)

Alethopteris *pteroides* Brongn. VII. 5. 5 a. 5 b g. 5 c; VIII. 7. 7 a.
(Cormar, Verst. d. Steinkohlengeb. v. Wettin u. Löbejün XXXVI. 2. 1 e; Gefalts, Verst. d. Steinkohlenformat. in Sachsen XXXII. 5 a, 5 A; Sammlung d. k. k. Bergakademie in Příbram. Localität: Zemdch, Böhmen; Fiederchen vergr. aus: Goeppert, fossile Flora d. perm. Format. XI, 4.)

Der Wedel ist dreifach gefiedert. Die Hauptspindel ist dick und längsgestreift. Die Fiedern wechselständig, genähert, abstehend, linear-lanzettlich. Die Fiederchen fast gegenüberstehend, stehen

etwas schräg zur Spindel, sind länglich, bisweilen eiförmig, am oberen
Ende abgerundet, mit verbreiteter Basis zusammenhängend, einen
spitzen Winkel bildend, häufig, namentlich bei den unteren Fiedern,
getrennt, an der Basis zusammengezogen, abgerundet, einer- oder
beiderseits. Das der Hauptspindel zunächst stehende Fiederchen
ist meist theilweise auch mit dieser verwachsen. Die Fiederchen
werden nach dem oberen Ende allmälig kleiner. Das letzte Fieder-
chenpaar oeg verwachsen, so dass dasselbe an der Basis gelappt
erscheint. Die Beschaffenheit der Fiederchen variirt sehr. Der
Hauptnerv ist deutlich, verschwindet durch wiederholte Gabelung,
wie meist nach dem oberen Ende des Fiederchens zu. Von ihm
gehen unter sehr spitzem Winkel, stark bogig, wiederholt gegabelte
Seitennerven nach dem Rande. (Roehl, Foss. Fl. der Steinkohlenformat. Westphalens 80; Geinitz, op. cit. 28.)

Alethopteris *mertensioides* v. Guth. sp . . . . VIII, 8.
(Geinitz, Verst. d. Steinkohlenformat. in Sachsen, XXXII, 1.)

Der Wedel dieses Farren ist dreifiederig. Seine Fiedern zweiter
Ordnung sind linealisch, die Fiederchen sind länglich-linealisch und
stumpf, bis auf die Basis von einander getrennt und stellen sich
gegen die steife, runzelig gestreifte Rhachis unter dem Winkel von
ungefähr 80°. Bei 1″ Länge beträgt ihre Breite kaum 2″. Von
ihrem starken Mittelnerven gehen jederseits 8—10 kurze, aber starke
einfache Seitennerven aus. (Geinitz, op. cit. 26.)

Alethopteris *Mantelli* Brongn. sp . . . . VIII, 10.
(Roehl, Foss. Flora d. Steinkohlenformat. Westphalens, XIII, 4.)

Durch die sehr schmalen, schlanken, gebogenen Fiederchen ausgezeichnet. (Roehl, op. cit. 74.)

Alethopteris *(Desmopteris) longifolia* Presl . . . . VIII, 9.
(Geinitz, Verst. d. Steinkohlenformat. in Sachsen, XXXI, 3.)

Wedel zweifiederig, mit langen linearen, abstehenden und abwechselnden Fiedern und Fiederchen. Die letzteren sitzen meistens
mit der ganzen Basis an der Rhachis fest, und nur an dem unteren
Theile der Fiedern ist die Basis der Fiederchen frei. Ihr Mittelnerv verläuft bis in das stumpfe Ende. Die Seitennerven biegen
sich schnell nach dem Rande des Fiederchens und spalten sich nahe
ihrem Anfange in der Regel nur einmal. An den breiteren Fiederchen, die an der Basis des Wedels gesessen haben mögen, findet

theilweise eine doppelte und weniger regelmässige Gabelung der Nerven statt. Nicht selten ist der Rand der Fiederchen fein gekerbt und zuweilen zerrissen. (Geinitz, op. cit. 29.)

Callipteridium, Weiss.
VII, 10; XI, 12—14.

Die Fiederchen haben einen an der Basis sehr deutlichen Mittelnerv, welcher vor dem oberen Rande der Fiederchen verschwindet. Die Seitennerven stehen schief ab, sind deutlich parallel und ein- oder zweimal gegabelt. Spärlich oft mit herablaufenden Fiederchen besetzt. (Renault, Cours de botanique foss. III, 154 u. 155; Potonié, Lehrb. d. Pflanzenpalaeont. 146 u. 147.)

Callipteridium *pteridium* Schloth. sp. VII, 10. 10 a; XI, 14. 14 a.
(Germar, Verst. d. Steinkohlengeb. v. Wettin u. Löbejün XII, 4. 5; Zeiller, Flore houillère de Commentry XIX, 1 u. 3 A.)

Fiederchen meist unvollständig geschieden, senkrecht abstehend, oval; an der Hauptspindel laufen zwischen den Seitenfiedern dreieckige breite Fiederchen herab; wenige Nerven neben dem Mittelnerv aus der Spindel entspringend; zweifach gefiedert. 10 a und 14 a Vergr. (Weiss, Aus d. Flora d. Steinkohlenformat. 15.)

Callipteridium *Regina* A. Roemer sp. . . . . XI, 12 Vergr.
(Weiss, Aus d. Flora d. Steinkohlenformat. 84.)

Die neben dem Mittelnerv entspringenden Nerven der benachbarten Fiederchen stossen convergirend zusammen. Seitennerven schief. (Weiss, op. cit. 15.)

Callipteridium *gigas* Guth. sp. . . . . XI, 13. 13 a.
(Zeiller, Flore houillère de Commentry, XX, 2. 1 A.)

Wedel zweifach gefiedert mit lineal-lanzettlichen Fiedern, Fiederchen, zusammenstossend, an der Basis oder einem spitzen Winkel zusammenstossend, länglich, zierdeutlich zugespitzt, 15—18% lang, 6—8% breit. Der sehr starke Mittelnerv verschwindet vor dem oberen Rande der Fiederchen, die zahlreichen Seiten-Nerven sind gebogen und mehrmals gegabelt (13 a Vergr.). Sehr ähnlich der Alethopteria Serlii. (Renault, Cours de botanique fossile III, 155.)

Callipteris, Brongniart.
XI, 1—3.

Der Wedel doppelt gefiedert. Die Fiederchen gleich gestaltet, abstehend, länglich oval, mit der ganzen Breite der Basis an die Spindel angewachsen und an dieser hinablaufend, mit einer mittleren Längsfurche versehen. Die Nerven zu mehreren aus der Spindel entspringend, mehrfach dichotomirend; der mittlere kräftiger. Die Nervation der Fiederchen ist gewöhnlich nicht deutlich wahrzunehmen, weil sie meistens durch die lederartige Natur der Blättchen verdeckt wird. Wichtige Leitgattung für das Rothliegende. (Roemer, Lethaea geognostica 191 u. 192.)

Callipteris *conferta* Brongn. . . . . XI, 1—3.

(Sammlung d. k. k. Bergakademie in Pribram. Localität: Studnicz b. Schwarz-Kosteletz, Böhmen.)

Die typische Art der Gattung! Ein grosser Farn, in den einzelnen Individuen ausserordentlich variirend. Fiederchen sind immer stumpf gerundet, meistens dicht gedrängt. Das Endfiederchen ist nicht grösser, sondern zuweilen sogar kleiner, als die Seitenfiederchen, und oft fast dichotom gespalten. Gegen die Spindel sind die Fiederchen entweder unter spitzem Winkel gerichtet oder sie stehen fast rechtwinkelig ab. Die Art ist eine weit verbreitete Leitpflanze des Rothliegenden. (Roemer, Lethaea geognostica 192.)

Callipteris *(Sphenopteris?) Naumanni* Gutb. . . . . V, 4—6.

(Geinitz, Verst. d. deut. Zechsteinges. VIII, 2. 4, 5.)

Wedel doppeltfiederig, Fiedern wechselnd, aufrecht abstehend, Fiederchen gedrängt — bis dachziegelig — schräg, länglich, stumpf, tief niederschnittig mit keilförmigen oben gerundeten oder auch eingedrückten Läppchen. Spindel breit gedrückt, mit herablaufenden Fiederchen. Häufig im Rothlieg. des sergeb. Beckens. (Geinitz, op. cit. 11. Siehe auch: Sterzel, Palaeont. Charakter der ob. Steinkohlenformat. u. des Rothlieg. im erzgebirg. Becken, p. 255—256, Sep. 103—106 u. Derselbe, Die Flora des Rothlieg. im nordwestl. Sachsen, p. 48—49.)

Odontopteris, Brongniart.
X, 8—16.

Farne, deren Wedel Fiederchen tragen, welche mit ganzer oder fast ganzer Basis angewachsen, frei oder mehr weniger zusammengewachsen sind und in welche dabei mehrere dichtgedrängte, einfache oder zweitheilige Nerven von der Spindel auslaufen, ohne oder nur mit verschwindendem Mittelnerv. Die basalen Fiederchen sind gewöhnlich von anderer Form, theils an der Spindel von Fiedern, theils an der Hauptspindel befestigt, oft unregelmässig, neuropteridisch bis sogar cyclopteridisch, zweifach oder vielfach gelappt. Besonders oberes productives Carbon und Rothliegendes. (Weiss, Studien über Odontopteriden 857—858 als Abdruck a. d. Zeitschr. d. Deutschen geol. Gesellschaft 1870 Jahrgg.; Renault, Cours de botanique fossile III, 179; Potonié, Lehrb. d. Pflanzenpalaeont. 14ff.)

Odontopteris *britannica* Gutb. . . . . . . X. 12. 12 a. 13. 17.
(Gutbier, Verst. d. Steinkohlenformat. in Sachsen, XXVI, 9 u. 9 A. 7 a.
Fig. 17. Sammlung d. k. k. Bergakademie in Přibram, Localität: Oena brück, Westphalen.)

Wedel zweifiederig, mit abstehenden linearen Fiedern und länglichen, stumpfen, gewöhnlich von einander getrennten Fiederchen. An den oberen Fiedern stehen die Fiederchen gedrängter und laufen endlich zusammen; das Endfiederchen aber ist stets ei-lanzettförmig. Von einem gegenüber den übrigen Odontopteris-Species ziemlich deutlichen Mittelnerven gehen unter spitzem Winkel mehrere zwei- bis dreimal gabelnde Seiten-Nerven. Ähnliche Nerven entspringen auch an der Basis der Fiederchen, von wo sie mit den übrigen zuerst fast parallel laufen, um sich dann nach dem Rande zu biegen. (Geinitz, op. cit. 21; Gutbier, Abdr. u. Verst. des Zwickauer Schwarzkohlengeb. 68—69.)

Odontopteris *Osmundai* Andrae. . . . . . . X. 11. 11 a und 11 b.
(Andrae, Vorwelt. Pflanzen etc. XV, 2 u. 2 c.)

Letzte Fiedern lineal, steil abstehend, mit unvollständig getrennten Fiederlappen, die stumpf oval, klein sind und mehrere aus der Spindel entspringende Nerven besitzen. 11 a und b Vergr. (Weiss, Aus d. Flora d. Steinkohlenformat. 14.)

Odontopteris *Brardi* Brongn. . . . . X. 16. 16 a.
(Schimper, Traité de paléont. végét. Atlas XXX, 11. 11.)

Der eiförmig-lanzettliche Wedel ist an der Basis zweifach, an der Spitze einfach gefiedert, die Fiedern sind abstehend, linear-lanzettlich; die Fiederchen eiförmig-rhomboidal, unterwärts schwach gekrümmt, scharf zugespitzt, 10—12 ‰ lang, 8—10 ‰ breit, herablaufend, zusammenstossend, an Länge erst gegen ihr Ende abnehmend, wo sie sich verbinden. Das Endfiederchen eiförmig-lanzettlich. Das basale Fiederchen unten verschmälert, am oberen Ende in zwei oder mehrere spitze Lappen getheilt. Nerven dichotomirend, an der Spindel herablaufend. (Renault, Cours de botanique fossile III, 180—181.)

Odontopteris *Reichiana* Gutb. . . . . X, 8. 8 a. 9. 9 a.
(Sammlung d. k. k. Bergakademie in Přibram, Lewehitz, Stradonitz, Böhmen; Grönitz, Verst. d. Steinkohlenformat. in Sachsen, XXVI, 6. 6 A.)

Die Fiederblättchen sind am unteren Theile der Fieder vollkommen getrennt, gerundet lanzettförmig bis fast trapezförmig, ganzrandig; nach oben fliessen sie allmählich zusammen in ein zungenförmiges gekerbtes Endblatt. (Roemer, Lethaea geognostica 191.)

Odontopteris *obtusiloba* Naum. . . . . X, 10. 10 a.
(Geinitz, Dyas, XXVIII, 2. 3 A.)

Der zweifiederige Wedel besitzt eine starke gestreifte Hauptspindel. Die Fiederchen sind rundlich oder eiförmig und stumpf, entweder mit ihrer ganzen Basis ansitzend und herablaufend oder an der Basis verengt, wodurch die Pflanze Ähnlichkeit mit Neuropteris Loshii erhält, mit welcher sie häufig verwechselt wird. Der Verlauf ihrer Nerven entscheidet für Odontopteris: Der Mittelnerv fehlt, und mehrere ziemlich gleich starke, durch Dichotomie nach dem Rande hin sich vermehrende Nerven entspringen gleichzeitig an der Rhachis. Die am Ende stehenden Fiederchen sind mit dem letzten grösseren Fiederchen innig verwachsen, so dass öfters nur noch an der einen Seite ein rundlicher Lappen von dem Haupttheile getrennt ist. (Geinitz, op. cit. 137, 138.)

Odontopteris *Schlotheimii* Brongn. . . . . X, 14.
(Brongniart, Hist. d. végét. foss. LXXVIII, 5.)

Wedel doppelt fiederig, Fiedern abstehend, wechselnd, Fiederchen wechselnd, fast rund, am Gipfel zusammenfliessend. Nervchen alle gleich, gabelig, doch undeutlich. (Gutbier, Abdr. u. Verst. d. Zwickauer Steinkohlengeb. 70.)

Odontopteris *obtusa* Brongn. . . . . X, 15. 15 a.
(Weiss, Foss. Flora d. jüngsten Steinkohlenformat. etc., II, 1. 1 A.)

Seitenfiederchen sehr stumpf, oblong. Endfiederchen zungenförmig; Nerven zahlreich, fast parallel, dicht. An der Hauptspindel grössere Cyclopteris-artige Blättchen; dreifach gefiedert. (Weiss. Aus d. Flora d. Steinkohlenformation, 14.)

Lonchopteris. Brongniart.
VIII, 11. 12.

Der Wedel zwei- bis dreifach gefiedert. Die Fiederchen an der Basis angewachsen und mehr oder weniger zusammenfliessend; sie sind mit deutlichem in einer Längsfurche gelegenen Mittelnerven versehen. Die Seitennerven unter spitzem Winkel entspringend, dann mehrfach sich gabelnd und ein Netz mit polygonalen Maschen bildend (anastomosirend). — Die Gattung hat den Habitus von Alethopteris, unterscheidet sich aber durch die netzförmige Nervation der Fiederchen. Sie verhält sich zu Alethopteris, wie sich Dictyopteris zu Neuropteris verhält. Vorwiegend im mittleren productiven Carbon. (Roemer, Lethaea geognostica, 181—182; Potonié, Lehrb. d. Pflanzenpalaeont., 150.)

Lonchopteris rugosa Brongn. . . . . . . VIII, 11. 11 a und 11 b. *(Andrae, Vorwelt. Pflanzen etc., Tf. 2, 2 a, 2 c.)*

Die typische und am weitesten verbreitete Art der Gattung! Fiederchen an der Basis vereinigt, oblong, stumpf. Mittelnerv kräftig, vor der Spitze verschwindend; Maschen viereihig, polygonal. (Weiss, Aus d. Flora d. Steinkohlenformat., 16; Roemer, Lethaea geognostica, 182.)

Lonchopteris Roehlii Andrä. . . . . VIII, 12. *(Sammlung d. k. k. Bergakademie in Pfibram. Localität: Essen an d. Ruhr, Deutschland.)*

Von der vorigen Species durch eine lockere Nervatur und durch nur zwei oder drei Reihen bildende Maschen unterschieden. (Schimper, Traité de paléontologie végét. I, 622.)

Neuropterideae.

Der Wedel einfach, oder häufiger ein- bis dreimal gefiedert. Fiederchen meist mehr oder minder zungenförmig, am Grunde stark eingeschnürt bis herzförmig. Die Familie weist verschiedene Nervaturtypen auf, deren Beschreibung bei den einzelnen Gattungen nachzuschlagen ist.

Neuropteris, Brongniart.
VIII, 14—16; IX, 1—17.

Wedel einfach, doppelt oder dreifach gefiedert. Fiederchen im Ganzen breit-lineal bis eiförmig, am Grunde stark eingeschnürt, wobei der Unterrand der Spreite entweder nahezu parallel der dazu gehörigen Spindel verläuft, oder herzförmig eingebuchtet ist. Ein mehr oder minder deutlicher Mittelnerv vor der Spitze verschwindend bis fast fehlend. Die Tertiärnerven treten unter spitzen Winkeln aus, wenden sich dann aber in einem gegen die Mittelrippe convexen Bogen dem Blattrand zu, den sie, sowie ihre eventuell vorkommenden parallelen Verzweigungen annähernd rechtwinklig treffen. Nimmt die bogenförmige Krümmung der Tertiärnerven ab, so kann Neuropteris nahe an Sphenopteris resp. Pecopteris herankommen; wenn hingegen der Mittelnerv die seitlichen Nerven nur wenig an Kräftigkeit übertrifft, so steht sie der Cyclopteris-Nervatur nahe. Die Spindeln vorletzter und früherer Ordnungen sind oft mit mehr oder minder kreisförmigen, cyclopteridischen Fiederchen bekleidet. Die Fiederchen werden häufig einzeln am Gestein liegend beobachtet, woraus auf eine weniger feste Verbindung derselben mit der Spindel, als bei anderen Gattungen der Farne zu schliessen ist. (Roemer, Lethaea geognostica, 183; Potonié, Lehrb. d. Pflanzenpaläontol., 151; zu Solms-Laubach, Einleit. in die Palaeophytologie, 139.)

Neuropteris *flexuosa* Brongn. . . . . IX, 5, 5 a.
(Sammlung d. k. k. Bergakademie in Příbram. Localität: Dudley, England; 5 a Vergr.)

Wedel sehr gross, dreifach gefiedert, die Hauptspindel sehr stark, deutlich gestreift, die Fiedern fast unter dem Winkel 90° inserirt, abwechselnd, länglich oder länglich-lineal; die Fiederchen abstehend, abwechselnd, sehr genähert, aneinander grenzend, ja selbst mit ihren Rändern sich deckend, länglich, an der Basis herzförmig; 20—25ᵐᵐ lang und 8—10ᵐᵐ breit, das Endfiederchen viel grösser und häufig theilweise mit den Nachbarsfiederchen verbunden; der Mittelnerv zerlegt sich fast von der Basis an in Seitennerven, und ist nur durch eine Rinne angedeutet, welche sich bis zu ⅔ der ganzen Fiederchen-Länge ausdehnt; die Secundär-Nerven unter einem sehr spitzen Winkel entspringend, gebogen, mehrmals dichotomirend. — Die Form und die Dimensionen der Fiederchen variiren stark; sie scheinen sehr gebrechlich zu sein, denn man findet sie häufig in den diese Pflanze einschliessenden Schichten isolirt. (Renault, Cours de botanique fossile III, 169.)

Neuropteris *pygmaea* Sterzb. VIII, 14; IX, 3. 4. 4 *a*. 4 *b*. 4 *c*. 4 *d*.

(Sammlung d. k. k. Bergakademie in Příbram. Localität: Swinna, Böhmen; Dislokin, Böhmen; Potonié, Über einige Carbonfarne in Jahrb. d. königl. preuss. geol. Landesanstalt u. Bergakademie 1891, IV, 1. 2; 1ff, 2. 3. 4.)

Normale Fiederchen sichelförmig gekrümmt, schief-länglich-herz-eiförmig, also sich nach der Spitze zu verschmälernd. Breite (in der Mitte gemessen) zur Länge im Ganzen wie 1 : 3 oder mehr. Mittelnerv nicht bemerkbar, von unten ab in Nervchen aufgelöst, höchstens mit einer schwachen Andeutung eines Mittelnervs ganz am Grunde der Fiederchen, meist durchaus glatt ohne Rinne, zuweilen Rinne ganz schwach angedeutet. Anastomosen zwischen den Nervchen der normalen Fiedern nicht gerade häufig. Den Spindeln vorletzter und letzter Ordnung sitzen, diese dicht bedeckend, herzkreisförmige, auch in Bezug auf die Nervatur cyclopteridische und ferner eiförmige bis breit-eiförmige Fiederchen an. (Potonié, op. cit. 31 u. 25.)

Neuropteris *heterophylla* (incl. *Loshii*) Brongn. IX, 6. 6 *a*. 7—10.

(Fig. 9. Brongniart, Hist. d. végét. foss. LXXIII, 2. 1.4; LXXV, 2; Fiederchen Fig. 6 *a* Boeol, Foss. Flora d. Steinkohlenformat. Westphalens, XVI, 5 *B a*; Fig. 10 Sammlung d. k. k. Bergakademie in Příbram. Localität: Slaničito, Böhmen; die übrigen aus Zeiller, Flore houillère de Commentry, XXIX, 1.3.)

Wedel bis vierfach gefiedert. Obere Fiederchen zungenförmig (Fig. 8), tiefer gestellte entwickeln oder bald noch kurze eiförmige Seitenfiederchen. Nerven etwas kräftig, stark nach aussen gebogen. (Weiss, Aus d. Flora d. Steinkohlenformat., 15.)

Neuropteris *auriculata* Brongn. . . . . . . IX, 12. 12 *a*. 13. 14.

(Schimper, Traité de paléontol. végét. Atlas XXX, 11; Geinitz, Verst. d. Steinkohlenformat. in Sachsen, XXVII, 4 *A*; Fig. 18 u. 14 Sammlung d. k. k. Bergakademie in Příbram. Localität: Rositz und d. Böhmen; Potonié, Plauen, Mähren.)

Der stark entwickelte Wedel ist zweifach gefiedert, sichelumbiegend; der dicken Hauptspindel entspringen unter dem Winkel von ungefähr 50° basal-verlängerte am oberen Ende abgestumpfte Fiedern, die über 50% lang sind. Die ziemlich grossen und breiten Fiederchen sind 5—6% lang, an der Basis herzförmig, kurz gestielt, eiförmig bis länglich, an der Spitze abgerundet, am Rande sich schlängelnd und sanft wellenförmig. Zwischen den Fiedern sind an die Hauptspindel Fiederchen angeheftet, welche breiter als lang und mehr oder minder unsymmetrisch sind. Mittelnerv kaum merklich, Seitennerven sehr zahlreich, von der Basis ausgehend, bogig, mehrfach dichotomirend. (Renault, Cours de botanique fossile III, 173.)

Neuropteris *acutifolia* (incl. *angustifolia*) Brongn. IX. 1. 1 a. 2–11.

(Geinitz, Vers. d. Steinkohlenformat. in Sachsen, XXVII, 8. 8 a. Sammlung d. k. k. Bergakademie in Přibram. Localität: Miröschau Fig. 2, Klein, Böhmen Fig. 3.)

Wedel gefiedert, vielleicht zweifiederig, mit abstehenden, linearlanzettförmigen, in eine Spitze auslaufenden Fiederchen, die an ihrer Basis beiderseits gerundet, zuweilen auch herzförmig (die unteren Fiederchen des Miröschauer Originals Fig. 2 sind verdickt?) entweder ganzrandig, oder an der Basis gelappt sind. Ein breiter, aber wenig erhobener Mittelnerv, welcher fast bis in die Spitze des Fiederchens geht, entsendet unter sehr spitzem Winkel die Seitennerven, welche 4–5mal gabeln und sich dem Rande zukrümmen. (Geinitz, op. cit. 22.)

Neuropteris *auriculata* Brongn. . . . . IX. 15. 16.

(Zeiller, Flore houillère de Commentry, XXVII, 10 9.)

Wedel zweifach (bis dreifach?) gefiedert, die Hauptspindel ihrer Länge nach gerieft; die Fiedern letzter Ordnung abwechselnd oder fast gegenständig, eng eiförmig-lanzettlich, an der Basis und am oberen Ende allmählich verschmälert, stumpflich zugespitzt. Fiederchen abwechselnd oder fast gegenüberstehend, sehr ausgebreitet, gewöhnlich sehr genähert, scheibenförmig oder linear, kurz gestielt, sehr deutlich an der Basis herzförmig, ganzrandig, gebrechlich. Der Mittelnerv auf den scheibenförmigen Fiederchen fast keiner, auf den linearen tritt und bis ⅔ der ganzen Länge der Fiederchen durchsetzend; die Seitennerven sehr fein, unter einem spitzen Winkel entspringend, schwach gebogen, mehrmals dichotomirend, zum Rande der Blättchen schief laufend. (Zeiller, op. cit. 236.)

Neuropteris *ovata* Hoffm. . . . . IX. 17. 17 a.

(Roemer, Pflanzen d. product. Kohlengeb. am südl. Harzrande und am Piesberge b. Osnabrück, VI, 1 a und b.)

Wedel doppelt (wahrscheinlich dreifach) gefiedert, Fiedern lanzettlich, gegen ihr Ende oft etwas zurückgebogen; die Fiederchen

5

elliptisch eirund, zwei- bis dreimal so lang als breit, etwas vorwärts gerichtet, abwechselnd, einander nicht berührend, **oben sehr stumpf**, am Grunde zugleich herzförmig, mit schwachen **Mittelnerven und** zahlreichen, dreimal gabeligen Seitennerven, welche **im** rechten Winkel auf den Rand treffen. Die Fiederchen der auf einander folgenden Fiedern berühren **sich kaum**; das Endfiederchen **ist** abgerundet rhombolisch **und nicht sehr gross.** (Roemer, op. cit. 28.)

Neuropteris *Schlehani* **Stur** . . . . **VIII, 15. 16.**
(Stur, Carbonflora d. Ostrauer u. Waldenburger Sch., XI, 8.)

Wedel wahrscheinlich 3—4fach federtheilig, die primären Abschnitte zweifach federtheilig, mit länglich gerieften Spindel; die Secundärabschnitte lineal, am oberen Ende zugespitzt, federtheilig, ganzrand, **sich deckend**; Fiederchen (= Tertiärabschnitte) lang gestielt, länglich, an der Basis herzförmig, an der Spitze abgerundet, sehr selten auf ihrer katadromen (dem unteren Ende des Wedels zugekehrten) Seite gelappt. Der Mittelnerv der Fiederchen ist ziemlich kräftig und fast bis zur Spitze derselben deutlich. Die von ihm abzweigenden **Seitennerven** gabeln sich fast unmittelbar nach ihrem Austritte zum **erstenmal** und in der Mitte zwischen Mittelnerv und Abschnittrand zum **zweitenmal** und sind die in der Mitte der Tertiärabschnitte oft sehr regelmässig in 4 Äste zerspalten. Manchmal bemerkt man, dass sich die obersten, einzeln, unmittelbar vor dem Rande zum drittenmal spalten. (Stur, op. cit. 183.)

Dictyopteris *v. Gutbier.*
X, 1. 2

Wedel einfach oder doppelt gefiedert, mit gedrängt und abwechselnd stehenden, länglichen, ganzrandigen, an der Basis herzförmigen, leicht abfallenden Fiederchen. Die Nervatien netzförmig, durch **Anastomosiven** der aus dem gespaltenen Mittelnerven entspringenden Secundärnerven. (Roemer, Lethaea geognostica, 184.)

Dictyopteris *Brongniarti* **Gutb.** . . . . X, 1. 1 a.
(Sammlung d. k. k. Bergakademie in Přibram. Laquifilix Miröschau, Ichnocz; Geinitz, Verst. d. Steinkohlenformat. in Sachsen, XXVIII, 4 a.)

Die typische Art der Gattung! Der Wedel ist **doppelt** gefiedert. Die nur in der Mitte der Basis an die Spindel befestigten Fiederchen sind am Ende zugerundet **und** gewöhnlich etwas sichelförmig gekrümmt. (Roemer, Lethaea geognostica, 184.)

Dictyopteris *neuropteroides* Guth . . . . X, 2.

(Geinitz, Verst. d. Steinkohlenformat. in Sachsen, XXVIII, 6 A.)

Diese Art, welche in ihrem Habitus ganz der vorhergehenden gleicht, unterscheidet sich von ihr nur durch zartere Nerven und langgestreckten Maschen. (Geinitz, op. cit. 23.)

Taeniopteris, Brongniart.
XI, 9. 10.

Der Wedel einfach; die Fiederchen echt neuropteridisch, aber sehr langgestreckt mit oft mehr keilförmig verschmälerter Basis, zuweilen auffallend gestielt. Der Mittelnerv kräftig, bis zur Spitze verlaufend. Der Austritt der Tertiärnerven findet nahezu rechtwinklig statt, dieselben verlaufen geradlinig gegen den Blattrand. Gabeln sie, was sehr gewöhnlich der Fall, so geschieht dies unter sehr spitzen Winkel, wobei die Gabelzweige alsbald einander parallel werden. (Roemer, Lethaea geognostica, 194; Potonié, Lehrb. d. Pflanzenpaläeont., 154; zu Schimper-Laubach, Einleit. in d. Palaeophytologie. 139.)

Taeniopteris *multinervia* Weiss . . . . XI, 9. 9 a.

(Schimper, Traité de paléont. végét., XXXVIII, 6. Atlas; Weiss. Foss. Flora d. jüngsten Steinkohlenformat. etc., VI. 15.)

Das sehr breite Blatt mit sehr starkem Mittelnerv; die Seitennerven anfänglich unter spitzen Winkel beginnend, aber sehr bald rechtwinkelig umgebogen und zum Rande verlaufend, zweifach gabelig. (Roemer, Lethaea geognostica, 195.)

Taeniopteris *jejunata* Grand'Eury . . . . XI, 10.

(Zeiller, Flore houillère de Commentry, XXII, 7 A. 7 B.)

Der Wedel lang, linéal, ganzrandig, am oberen Ende verschmälert und stumpflich zugespitzt. Der breite und flache Mittelnerv geht bis zur Spitze der Fiedern; die Secundärnerven gehen unter einem spitzen Winkel fast von ihrem Austrittspunkt dichotomirend, zuerst rasch gebogen, dann fast geradlinig, dann einmal oder zweimal dichotomirend, seltener einfach, den Rand der Blättchen unter einem fast rechten Winkel treffend. (Zeiller, op. cit. 280—281.)

5*

Cyclopteris, Brongniart.
X, 3. 4.

Einfache rundliche, fächerförmige oder nierenförmige, ganzrandige (oder gekerbte und gewimperte) Blätter. Der Mittelnerv fehlt. Zahlreiche gleichstarke Nerven treten in die Spreitenfläche ein und verlaufen unter wiederholter Gabelung in nach vorn convexem Bogen zum Rand, dem sie rechtwinklig treffen. Man findet sie häufig als Basilarblätter der Gattungen **Odontopteris** und **Neuropteris**. (Hormer. Lethaea geognostica, 185; zu Solms-Laubach, Einl. in die Palaeophytologie, 185.)

Cyclopteris orbicularis Brongn. . . . . X, 3. 4.
(Sammlung d. k. k. Bergakademie in Přibram. Localität: Rbetschau, Mähren; Brongniart, Hist. d. végét. foss., LX(, 2.)

Die grossen Blätter sind lederartig, fast rund, an der Basis kaum herzförmig, zuweilen beiderseits allmälich verschmälert; die entfernt stehenden Nerven sind zwei- bis viermal dichotomirend und sehr deutlich, mehr oder minder gekrümmt. (Schimper, Traité de paléont. végét. I, 429; Brongniart, Hist. d. végét. foss., 228.)

Aphlebia, Presl. (Schizopteris, Schimper.)
XI, 4—9.

Mit diesem Namen sind bis jetzt die theilweise noch immer problematischen Blattgebilde bezeichnet worden, deren plattgerippte Spreite entweder unregelmässig oder mehr und weniger regelmässig dichotom oder fiederig zerschlitzt ist, und deren Dimensionen theils kleine, theils sehr bedeutende sind, die Haupt- und Nebennerven sind in der Regel so flach und dünn und verlaufen dabei so allmälich in die Blattflügel, dass sie oft kaum bemerkbar sind, daher der Name **Aphlebia**. Häufig kommen sie in den Schichten isolirt vor, seltener hingegen entweder auf der Fläche der Hauptspindel (XI, 6), oder auf der Basis der Spindeln zweiter Ordnung, oder endlich auf der des Hauptblattstieles. (Schimper-Schenk, Handb. d. Palaeont. II. Abth. Palaeophytologie 142; zu Solms-Laubach, Einl. in d. Palaeophytologie, 156.)

Aphlebia *lactuca* Presl. . . . . **XI, 8.** verklein.
(Roehl, Foss. Flora d. Steinkohlenformat. Westphalens, XVIII.)

Der grosse, verkürzt-eirunde, unten in einen breiten Schaft verlaufende Wedel ist fächerförmig-fiederspaltig in breite, verkehrteirunde Abschnitte (Fieder) getheilt, welche an ihrem wellenförmig gebogenen Ende in zahlreiche ungleiche, mannichfach gekrümmte linienförmige Lappen zerschlitzt sind. — Die ganze Oberfläche ist fein gestrichelt, fast parallel gunervt, und die feinen gedrängt liegenden Nerven verlaufen bis in die einzelnen Lappen der Fieder, wobei sie sich nie zu einem deutlichen Mittelnerven zusammendrängen. (Geinitz, Verst. d. Steinkohlenformat. in Sachsen, 19; Roehl, op. cit. 48.)

Aphlebia *trichomanoides* Goepp. . . . . XI, 4. 5.
[Sammlung d. k. k. Bergakademie in Příbram. Localität: Zbeschan, Mähren.)

Die jugendlichen Zustände dieser Pflanze deuten auf ein excentrisches Wachsthum hin, von einem Mittelpunkt, dem Befestigungspunkt derselben aus, verlängern sich die schmalen, linienförmigen, oft mit fast 3% langem Stiel versehenen Äste, die bisher nur einzeln gefunden wurden und sich etwa in 2 1/2 bis über 5% lange unter spitzem Winkel abgehende, ebenso lange wiederholt gabelige Ästchen vertheilen, die an der Spitze gewöhnlich zweimal, ausnahmsweise auch dreimal seicht gespalten und zuweilen etwas verdickt erscheinen, vielleicht in Folge von sich entwickelnden Fructificationen. Die Nerven verlaufen bei vollständigen Exemplaren vom Centrum aus nach den Zweigen und hier parallel oder bei Verbreiterung derselben auch gabelig. (Goeppert, Foss. Flora d. perm. Formation, 94 u. 95.)

Aphlebia *Goldeniana* Presl sp. . . . . XI, 6. 7.
[Geinitz, Verst. d. Steinkohlenformat. in Sachsen, XXV, 11. 12.)

Der Wedel ist länglich-eiförmig und im entwickelten Zustande doppelt fiederspaltig mit mehr oder minder tief eingeschnittenen Lappen, wodurch er ein vielgestaltiges Ansehen erhält. Die dicke, nur undeutlich begrenzte Hauptspindel spaltet sich unter spitzem Winkel nach den einzelnen abwechselnden Fiedern, in welchen sich bei älteren Wedeln eine ähnliche gabelige Fiederung wiederholt. Die ganze Hauptspindel und die aus ihrer Zerspaltung hervorgegangenen undeutlich begrenzten Seitenrippen sind fein gestrichelt oder unregelmässig gestreift. Von der Aphlebia lactuca durch gerade, meist linien-lanzettförmige, divergirende Fiederlappen hinreichend unterschieden. Sie wird nicht selten auf der Spindel der Pecopteris dentata aufsitzend gefunden. (Geinitz, op. cit. 19.)

Schizneaceae.

Sporangien birnförmig, sitzend oder kurz gestielt, mit die
Spitze einschnürendem kappenförmigem Ringe, welcher sich durch
Längsriss öffnet. (Schimper-Schenk, Palaeophytologie in Zittel's
Handb. d. Palaeontologie, 82.)

Senftenbergia, Corda.
VII. 11. 12.

Sporangien eiförmig, am Gipfel spitz, sitzend, einzeln in zwei
Reihen auf den Fiederchen angeordnet, je eine Reihe längs jeder
Seite des Mittelnerven, mit einer konischen Kappe („Ring") dick-
wandiger Zellen am Gipfel, sich durch eine nach aussen gewendete
Längsspalte öffnend. (Potonié, Lehrb. d. Pflanzenpalaeont., 160.)

Senftenbergia elegans Corda. . . . . . VII, 11. 11 a. und 11 b.
(Corda, Flora protogaea, LVII, 1, 2, 4.)

Der Wedel zweifach gefiedert; die abgestumpften Fiederchen
am Rande gekerbt; die Spindel glatt und hohlrinnig; die Sporangien
gross, länglich-eiförmig; der Ring breit, aus sechsseitigen Zellen
zusammengesetzt. (Corda, op. cit. 91.)

Senftenbergia aspera Brongn. sp. . . . . VII. 12. 12 a.
(Bmt., Cuhn-Flora d. Oberen und Wildenberger Sch., XI, 10. 13 a.)

Die wahrscheinlich primäre Spindel (Fig. 12 rechts?) ist etwa
1·5ᵐᵐ breit und von einer Mediunlinie durchzogen, aus welcher in
Entfernungen von circa 8ᵐᵐ fädliche Secundärspindeln abgehen,
die unten convex, oben hohlrinnig sind. An diesen Secundärspindeln haften ebenfalls hohlrinnige Tertiärspindeln, welche abwechselnd und ziemlich dicht gestellte Fiederchen tragen. Die Fiederchen sind an der Basis frei oder etwas angewachsen, schwach bei-
derseitig fiederlappig, bis 3ᵐᵐ lang und kaum bis 2ᵐᵐ breit, länglich
oder oval, die untersten und mittleren sind von einander vollkommen
getrennt, und nur die obersten verfliessen miteinander. Der Mittelnerv ist kaum merklich zackig gebogen und von ihm zweigen so
viele Seitennerven ab, als das Fiederblättchen Lappen andeutet, im
vorliegenden Falle jederseits 3 höchstens 4 Seitennerven. Im letzteren Falle ist der oberste Seitennerv einfach; die drei anderen

Seitennerven tragen noch einen der Basis des Wedels zugewendeten oder zwei Seitennerven in fiederiger Stellung. (Stur, op. cit. 124.)

Marattiaceae.

Sporangien ohne Ring, frei, in Gruppen vereinigt, nach innen aufspringend oder unter einander zu einem kahn-, linsen- oder ringförmigen Sorus verwachsen. Oeffnung an der Seite oder auf dem Scheitel. (Schimper-Schenk, Palaeophytologie in Zittel's Handb. d. Palaeontologie, 85.)

Scolecopteris, Zenker.
XI, 18.

Der Wedel gefiedert. Die Fiederblättchen länglich, am Ende stumpf gerundet, mit der ganzen Breite der Basis angewachsen, am Rande umgebogen. Ein gerader Mittelnerv und gerade einfache Seitennerven. Die fünffächerigen Sori oder Fruchthäufchen die ganze untere Fläche der Fiederblättchen auf beiden Seiten des Mittelnerven einnehmend. Die auf gemeinsamem Stiele aufsitzenden Sporangien laufen nach dem Scheitel zu auseinander und endigen mit ziemlich scharfer Spitze. (Roemer, Lethaea geognostica, 197.)

Scolecopteris elegans Zenker. . . . . XI, 18, 18 a und b.
(Roemer, Lethaea geognostica, Fig. 25 a, b und c.)

Die Fiederblättchen haben ungerollte Ränder und Spitzen und kommen meist von der Rhachis losgelöst, unregelmässig zusammengehäuft, selten noch ansitzend vor. Ihr Querschnitt hat die Gestalt einer 3. Sie sind lineal, oben abgerundet, mit einem scharf markirten Mittelnerven versehen. Die Seitennerven sind einfach (hin und wieder auch einmal gegabelt), und gehen von dem Mittelnerven unter sehr spitzem Winkel aus. Die Sori bestehen aus einer Anzahl (4—5) eilanzettförmigen, spitzen, längsgespaltenen, auf einem kurzen, gemeinschaftlichen Stiele ruhenden Sporangien, die aus gemeinsamer Basis nach dem Scheitel zu auseinander weichen. Die Fiederchen finden sich in dichter Zusammenhäufung im durchscheinenden Hornstein des mittleren Rothliegenden zwischen Altendorf und Rottluf in der Gegend von Chemnitz. (Sterzel, Über Palaeojulus dyadicus Geinitz und Scolecopteris elegans Zenker in Zeitschr. d. Deut. geol. Gesellsch., XXX. Bd., 1878, 417 folgend.)

II. Stammreste.

Caulopteris, Lindley u. Hutton.
XII, 1—4.

Stämme, deren Oberfläche mit grösseren Narben besetzt ist, die spiralig vertheilt sind. Die Narben sind Spuren nach abgefallenen Blattstiel-Basen (Blattfüssen); sie sind schildförmig, in der Grösse verschieden, meist höher als breit. Zuweilen sind die meist als Steinkerne mit kohligem Überzug erhaltenen Stämme noch mit den als kohlige streifige Ausseneride erhaltenen Luftwurzeln bedeckt, deren Abgangsstellen sich als kreiszapfförmige, kleine Vertiefungen auf der Oberhaut kenntlich machen können. Jede Narbe enthält eine geschlossene oder oben offene kreisförmige oder ovale, und innerhalb dieser noch eine kleine Spur in Form eines oberwärts geöffneten V, U oder in nebenstehender Form ⊖. Zeiller glaubt in dem peripheren Narbencontour die Grenze des Blattpolsters, in dem zweiten die Grenze des abgelösten Blattstirks, und nur in dem inneren V die Gefässbündelspur zu erkennen. Bei Verlust des verkohlten Hautgewebes bleibt ein Steinkern (Tylodendron sp. Corda XII, 3, 4. Sammlung d. k. k. Bergakademie in Příbram. Localität: Mirošchau, Böhmen) zurück, welcher elliptisch-eiförmige bis kreisförmige, narbenähnliche Stellen zeigt, die jedoch nicht scharf begrenzt sind und unten (manchmal auch oben) eine nicht geschlossene Contour aufweisen. Caulopteris kommt nur im Palaeolithicum vor. (Potonié, Lehrb. d. Pflanzenpaläeont., 64—66; zu Schimper-Laubach, Einleit. in Palaeophytologie, 170; Zeiller, Note sur quelques troncs des fougères fossiles in Bull. de la soc. géol. de France, sér. III, vol. 3, 1875; O. Feistmantel, Über Baumfarrenreste d. böhm. Steinkohlen-, Perm- u. Kreideformat. 12. Sep.-Abdr. aus d. Abhandl. d. königl. böhm. Gesellsch. d. Wissensch., VI. Folge. 5. Band.)

Caulopteris *Phillipsi* Lindl. u. Hutt. . . . . XII, 1. 2.
(Sammlung d. k. k. Bergakademie in Příbram. Localität: Stroessjovi b. Nürschan, Böhmen.)

Stamm dick, Narben oval, abgestumpft, die Scheibe ungleich und unterbrochen gefurcht, oft durch eine verwischte bogenförmige Linie gekennzeichnet. — Das Exemplar XII, Fig. 1, stellt ein ziem-

lich kleines Bruchstück der Stammoberfläche dar, mit vier deutlich
im Quincunx gestellten Narben; diese sind über die Stammoberfläche etwas erhaben, sind längs-oval mit etwas verlängertem unteren
Theile, oben abgestutzt. Im Innern befindet sich dann die Scheibe.
Die Stammoberfläche zwischen den Narben, und die Narben selbst
sind längsgestreift. Dasselbe Original ist im unten citirten Werke
v. O. Feistmantel sehr mangelhaft abgebildet, die Localität ist aber
falsch angegeben. (Feistmantel. Verst. d. böhm. Ablag., I. Abth.,
147.)

Megaphytum, Artis.
XII, 4—9; XIII, 3.

Der aufrechte cylindrische Stamm mit grossen in zwei gegen-
überstehenden Längsreihen angeordneten rundlichen Blattnarben. Die
grosse Gefässbündelspur hat im allgemeinen die Gestalt eines nach
oben geöffneten Hufeisens mit einwärts umgebogenen Schenkeln.
Die kleinen auf der Oberfläche des Stammes zerstreuten Höcker
werden von E. Weiss als die Narben von Luftwurzeln bezeichnet.
Unter ihnen erscheint die Oberfläche mit Längsstreifen versehen,
die von den subcorticalen Wurzeln herrühren sollen.

Die nicht zahlreichen Arten (19) gehören dem Carbon an.
(Roemer, Lethaea geognostica, 201; Solms-Laubach, Einleit. in d.
Palaeophytologie, 171; Zeiller, Flore houillère de Commentry, 355.)

Megaphytum *mammaecatricatum* O. Fstm. . . . . XII, 5.
(Sammlung der k. k. Bergakademie in Příbram. Localität: Packerze-
grube bei Nürschan.)

Der Stamm ist stark, die Narben sehr gross, herzförmig, am
oberen Rande ausgeschweift, unten verlängert, sich berührend, gestreift; die Närbchen am Stamme länglich. (O. Feistmantel, Verst.
d. böhm. Ablag., 143.)

Megaphytum *giganteum* Gldbg. sp. . . . . XII, 6 und 8.
(Sammlung d. k. k. Bergakademie in Příbram. Localität: Steinbgend
bei Nürschan, Böhmen.)

Stamm cylindrisch, die Narben oval, sich berührend (Fig. 8),
stark convex vorragend, die Gefässnarben gewunden-linear. Gewöhnlich haben die Narben eine wallförmige Umgrenzung. (O. Feistmantel, Verst. d. böhm. Ablag., 141—142.)

Megaphylum *trapezoideum* O. Fstm. . . . . XII, 7.

<small>(Sammlung d. k. k. Bergakademie in Příbram. Localität: Stradonitzend bei Nürschan, Böhmen.)</small>

Die Stämme ziemlich schlank, die Narben kleiner, trapezoid, nach **unten verlängert**, von einander stehend. (O. Feistmantel, Verst. d. böhm. Ablag., 144.)

Megaphylum *Wagneri* Ryba . . . . XIII, 3.

<small>(Sammlung d. k. k. Bergakademie in Příbram. Localität: Miroschau, Böhmen. Hohldruck. In halber Naturgrösse.)</small>

Die Blattnarben sind ganzrandig, nie am oberen Rande ausgeschweift, durch eine von der Mitte des unteren Narbenrandes rechtwinkelig heraustretende Rinne in zwei spiegelgleiche Hälften getrennt. Die Gefässbündelspur beginnt in den oberen Ecken als ein etwas schief liegendes *E*, geht dem Seitenrande der Narbe parallel und steigt einige nun vor der Rinne scharf etwa in die mittlere Höhe des oben erwähnten *E* auf, einen diesem *E* zugekehrten Bogen bildend. (Ryba. Über ein neues Megaphytum aus dem Miröschauer Steinkohlenbecken in d. Sitzber. d. k. böhm. Gesellsch. d. Wissenschaften, 1890.)

Lepidodendrae.

Baumartige, mit den lebenden Lycopodiaceen nahe verwandte Pflanzen, deren cylindrischer Stamm mehrfach dichotom getheilt ist und lineale bis langlig-lanzettliche, einnervige, nach ihrem Abfall Narben hinterlassende Blätter trägt; der Fruchtstand ist zapfenförmig, mit schraubenständigen Fruchtblättern besetzt, denen oberseits kugliche Sporangien ihrer ganzen Länge nach aufsitzen. Von den Lepidodendreen liegen uns Stämme, Zweige, Blätter und Fructificationen isolirt und im Zusammenhang zahlreich in verschiedenen Erhaltungsstadien vor. Ihre Verbreitung ist auf die paläozoischen Formationen beschränkt und culminirt in der unteren und mittleren Abtheilung des productiven Carbons; sie wurden von den Palaeontologen zu förmlichen Leitfossilien erhoben, nach welchen die Abtheilungen der Culm- und Carbonzeit am sichersten charakterisirt und erkannt werden sollten." (Stur, Culm-Flora d. Ostrauer u. Waldenburger Sch., 225.)

Die im Schieferthon des Kohlengebirges liegenden Stämme und Zweige der Lepidodendreen haben gewöhnlich den inneren aus einem

leicht zerstörbaren Zellgewebe bestehenden Hohlraum vom umgebenden Gestein ausgefüllt, und sind zumal ihrem nur als eine dünne
Kohlenschicht erhaltenen Holzcylinder flach plattenförmig zusammengedrückt; ein zum mikroskopischen Studium geeigneter Erhaltungszustand kommt bei diesen Fossilien äusserst selten vor, und man
ist daher bei ihrem Bestimmen genöthigt, die innere und die äussere
Oberfläche der Rinde in Betracht zu ziehen. Was die erstere anbelangt, so bietet sie meistens Merkmale, die nur generisch verschieden
sind, und zur Aufstellung der Arten keineswegs beitragen können.
(Siehe die Gattung *Lepidodendron* XIV. 5 unten und die Gattung *Lepidophloios* XV. 13 oben rechts). Dafür ist aber *die
Aussenfläche der Rinde* von höchst charakteristischer Beschaffenheit und für die Bestimmung der Arten massgebend; ihre nach
Abfall der spiralig gestellten Blätter zurückgebliebenen Narben
und Kissen sind entweder in glänzende Kohle umgewandelt (XIV,
10), oder — was noch häufiger der Fall ist — wenn die rissige
und sehr spröde Kohle verloren geht — treten sie in Form von
besonders deutlichen Abdrücken vor (XIV, 8).

Die Lepidodendron-Blattpolster berühren einander und sind
verlängert-rhombenförmig, die einzelnen Rhomben haben gewöhnlich
oben und unten spitze, seitlich stark abgerundete Ecken, wölben
sich flach kegelförmig hervor und tragen an ihrem höchsten Punkt
eine Abbruchsnarbe. „Diese letztere entspricht der Abgliederungs-
stelle eines Blattes; das ganze Polster dem am Stamm verbliebenen,
herablaufenden Blattgrund." (zu Schul-Laubach, Einleitung in die
Paläophytologie, 260.) Zwischen den Blattpolstern verlaufen entweder breite und flache Streifen, oder nur scharfe lineale Rinnen, —
die ersten sollen nach *Stur* den jüngeren, die letzteren den alten
Exemplaren angehören.

Die Blattnarbe ist von verschiedener Grösse und hat meistens
eine querrhombische Gestalt; der obere Winkel der Rhomben ist
häufig stark abgestumpft, der untere und die seitlichen spitzlich.
In der Nähe des unteren Randes jeder Blattnarbe befinden sich
bei Steinkernen *drei* vertiefte, bei Hohldrucken stark vortretende
Male, welche entweder alle punktförmig sein können (z. B. XV,
4 u. 7, 13 a), oder von denen das mittlere in die Quere verlängert,
halbmondförmig bis V-förmig erscheint und die seitlichen als Punkte
oder kurze Linien ausgebildet sind (z. B. XIV, 6 a). Von diesen
drei Malen stellt uns das centrale den Querbruch eines Gefässbündels dar, — ob auch die seitlichen als Abbruchstellen der Blatt-

spurbündel anzusehen sind, muss bis auf weitere Untersuchung dahingestellt werden.

Das Blattpolster wird von einer Medianlinie durchzogen, welche von der oberen und unteren Ecke bis zur gewöhnlich etwas oberwärts verschobenen Blattnarbe verlauft und das Polster in zwei Hälften, in die sogen. rechte und linke Wange zerlegt; ausserdem gehen von den abgerundeten seitlichen Ecken ein wenig schräg aufwärts verlaufende Linien aus, durch welche das Polster in obere kleinere Partie mit seitlichen spitzen Winkeln und die untere grössere Partie mit seitlichen stumpfen Winkeln zerfällt. Im unteren Theile der Blattkissen kann eine feine Runzelung quer zur Medianlinie (XV, 8. 9), im oberen eine aufregelmässige sich noch auf die Blattnarbe erstreckende Fältelung auftreten (XV, 1). In den oberen Ecken der unteren grösseren Wangen ist je ein rundliches oder eiförmiges Eindrucksmal, mitunter auch als Hervorragung, vorhanden, die *Potonié* vermuthungsweise als Transpirationsöffnungen gedeutet hat. (Anat. d. beiden Male u. s. w. in Ber. d. deut. Bot. Ges. XI, p. 319 ff. Berlin 1893 u. in seinem Lehrb. d. Pflanzenpalaeont., p. 220.) Das dreieckige, die Spitze nach oben kehrende Grübchen, welches unmittelbar über der Blattnarbe zu liegen kommt, soll nach *Hovelacque* und *Solms-Laubach* einer Ligula der recenten Gattung Isoëtes und Selaginella analog sein (oder irgend ein Lehrb. d. Botanik!). Endlich sieht man oft in der obersten Ecke des Blattpolsters ein dreieckig gestaltetes und hervorgewölbtes Mal, welches *Stur* als „eine rudimentäre Andeutung desjenigen Punktes am Blattgrund" ansieht, „auf welchem bei fertilen Blättern von Isoëtes und Selaginella das Sporangium sitzt. (Solms-Laubach, Einl. in d. Palaeophyt., 203.)

Die Classification der Gattungen (Lepidodendron und Lepidophloios) und der Arten basirt auf den Verschiedenheiten des Blattpolsters.

Bis jetzt haben wir uns mit solchen Lepidodendrons tämmen beschäftigt, deren Aussenfläche vollkommen erhalten ist. Es kommen aber auch Exemplare vor, die von früheren Autoren als selbständige Gattungen beschrieben worden sind, die sich aber bei weiteren Untersuchungen nur als verschiedene Erhaltungszustände ergeben haben. So werden die nach blossem Verlust der Epidermis entstandenen Lepidodendron- und Lepidophloios-Stammoberflächen als *Bergeria* (XV, 11) bezeichnet; ferner die von der Innenseite gesehenen, nach Loslösung der Rindenoberfläche mit Gesteinsmasse

ausgefüllten, rhombenförmigen Vertiefungen, unter welchen der Hohldruck des Lepidodendron-Polsters zum Vorschein kommt, mit dem
Namen *Aspidiaria* (XIV, 7) belegt; und endlich hat Sternberg
die Steinkerne von Stengelorganen der lepidodendroiden Gewächse
Knorria (XV, 10) benannt. Einen analogen Erhaltungszustand
sollen die als *Ulodendron* (XV, 12) und *Halonia* (XVI, 1 u. 2)
beschriebenen Stammtheile darstellen; indem der erste aus der die
Fructification tragenden Region der Gattung Lepidodendron, die
zweite aus derselben Region der Gattung Lepidophloios herstammen
und mit den nach Abfall der Fruchtstände zurückgebliebenen Wülsten besetzt sind. Die nähere Beschreibung dieser Erhaltungsstadien erfolgt im systematischen Theile.

Die *Blätter* der Lepidodendren sind von zweierlei Form:
Die einen sind verhältnissmässig kurz, ähnlich wie die Blätter der
lebenden Lycopodien, 5—10ᵐᵐ lang, 2—10ᵐᵐ breit, lineallanzettlich
oder lineal zugespitzt, flach ausgebreitet, mit einem breitgedrückten
Mittelnerv (XIII, 5 u. 7). Die anderen sind bis über 100ᵐᵐ lang,
an ihrer Basis gewöhnlich 3ᵐᵐ, seltener bis 5ᵐᵐ breit, zugespitzt,
mit einem Mittelnerv und nicht ausgebreitet, sondern mehr oder
minder deutlich und stark vierkantig (XIII, 6). (Stur. Culmflora
d. Ostrauer u. Waldenburger Sch., p. 235.)

Es erübrigt noch die Behandlung der *Fructificationen*. Es
sind ovale und länglich bis sehr lang cylindrische, meistens als
Abdrücke vorliegende Ähren oder Zapfen (*Lepidostrobus* XVI,
3—6), welche entweder endständig den letzten Auszweigungen aufsitzen oder nach stammbürtig (siehe z. B. d. Narben v. Ulodendron,
Taf. XV, Fig. 12) sein können. Ihre stielförmigen, dicht gedrängten
Sporangienträger (*Lepidophyllum*) bestehen 1. aus dem Blattgrund, dem das einzige Sporangium aufsitzt und 2. aus der soge-
Lamina oder Blattspreite, die entweder kurz lanzettlich (XVI, 9)
oder lang lineal-lanzettlich (XVI, 8) gestaltet ist. Sie gehen von
der Ährenaxe senkrecht ab, und ihre Spreiten biegen sich dann
derart knieförmig aufwärts, dass sie der Axe parallel stehen und
die nächsthöheren Laminae dachziegelartig bedecken.

Übersichtliche Zusammenstellung der häufigsten Gattungen der lepidodendroiden Gewächse:

1. Gattung:	2. Gattung:
Lepidodendron.	*Lepidophloios.*

Erhaltungszustände:

Bergeria.

Aspidiaria.

Knorria.

Ulodendron. *Halonia.*

Fructificationen:

Lepidostrobus.
Lepidophyllum.

Lepidodendron, Sternberg.

XIII, 4—10; XIV, 1—6; 6—11; XV, 1—9.

Blattkissen höher als breit, mehr oder weniger langgezogen rhombisch-spindelförmig, die spitz zulaufenden Extremitäten meistens in entgegengesetzter Richtung etwas umgebogen, mit der Epidermis bedeckt durch einen flachen Kiel in zwei Hälften getheilt, nach dem Abfallen derselben an der Stelle des Kiels eine Längsrinne, über welche mehr oder weniger zahlreiche feine Runzeln quer verlaufen, die beiden Kissenhälften etwas convex, nach oben zwei, wahrscheinlich Luftgängen entsprechende Knötchen tragend; Blattnarbe über der Mitte oder gegen das obere Ende des Kissens trapezoid-rhombisch, der obere Winkel gewöhnlich abgerundet, der untere Winkel zwischen die zwei Polsterwangen eingreifend, die beiden seitlichen Winkel spitz; von den drei Narbchen das mittlere dem Blattgefässstrange entsprechende meist dreieckig oder V-förmig mit nach abwärts gerichtetem Winkel, die seitlichen sind punktförmig oder etwas verlängert, oder ein jedes bildet ein spitzwinkliges Dreieck mit nach aufwärts gekehrtem spitzem Winkel.

Da die Blattkissen und Narben an den verschiedenen Theilen des Bannes je nach dem Alter und der Dicke derselben, nicht nur bezüglich der Grösse sehr verschieden sind, sondern auch bezüglich der Form oft nicht unbedeutende Abänderungen zeigen, so ist die specifische Bestimmung oft eine sehr schwierige und bietet nur dann einige Gewissheit, wenn die zu vergleichenden Stücke relativ denselben Stammtheilen entsprechen. In den meisten Fällen berühren sich die Ränder der Blattkissen auf dem ganzen Umkreise, zuweilen aber sind sie durch einen Wulst oder durch einen schmalen flachen oder gefurchten Rindenstreif getrennt; das ist besonders bei den noch nicht zu voller Entwickelung gelangten Polstern der Fall.

Ausser den 5 in der Diagnose erwähnten Närbchen, von welchen je eine am obern Theil der Polsterwangen, 3 in der untern Hälfte der Blattnarbe sitzen, und welche ihrer Gestalt nach verschiedene, wahrscheinlich meistens zufällige Abweichungen zeigen können, zeigt sich bei sehr gut erhaltenen Stöcken unmittelbar über der Mediane der Hauptnarbe ein, meistens dreieckiges Närbchen, in welchem Star..r eine Ligula-Spur sieht.

Der Stamm der Lepidodendren war bis zu einer gewissen, vielleicht ziemlich bedeutenden Höhe unverzweigt und trug eine durch eine wiederholte sympodiale Verzweigung gebildete Astkrone, deren Hauptäste unter sehr stumpfem Winkel aus einander gingen; mit den ungleichwerthigen Dichotomien kamen auch gleichwerthige vor. (Schimper-Schenk, Palaeophytologie, p. 190—191; Potonié, Lehrb. d. Pflanzenpalaeont., p. 220.)

Lepidodendron (*Lycopodites*) *selaginoides* Stbg. . . . . XIII, 4. 5.

(Sammlung d. k. k. Bergakademie in Příbram. Localität: Rakonitz, Miröschau, Plänaco.)

Die Zweige gegabelt, die Narben elliptisch, beiderseits zugespitzt, in der Mitte gekielt, öfters quergerunzelt, oberhalb der Mitte ein kleiner Höcker mit leichtem Eindruck, der die einstige Insertion des Blattes andeutet.

Die Äste beblättert, die Blätter lanzettförmig gekrümmt, an den fruchtzweigenden Ästen breiter. (O. Feistmantel, Verst. d. böhm. Ablag. II, p. 10.)

Figur 4. Zweige oben erwähnter Art, mit Noeggerathia foliosa Sternb.

Lepidodendron *Veltheimianum* Stbg. . . . . XV, 7 u. 8.

(Unt. Culmflora der Ostrauer u. Waldenburger Schichten, XIX, 4 u. 5.)

Die Narben des Stammes sind länglich rhomboidal, oben und unten zugespitzt und etwas ausgebogen und in der Mitte mit einer ziemlich breiten Längsfurche versehen; die Narben der jüngeren Zweige subquadratisch. Ändert mannigfach ab. (Roemer, Lethaea geognostica, p. 213.)

Lepidodendron *aculeatum* Stbg. . . . . XIV, 8—11.

(Sammlung d. k. k. Bergakademie in Příbram. Localität: Stankovejzad Fig. 9, 10 u. Radnitz Fig. 8, 11 in Böhmen.)

Blattnarben gross, länglich-rhombisch, oben und unten verengt, unten gebogen geschwänzt, oben zu beiden Seiten der Furche mit einer Gefässnarbe versehen; das Närbchen rhombisch, oben stumpf, mit 3 Punkten versehen; die Mittellinie furchenförmig, tief, quergerunzelt. — Diese Species unterscheidet sich vom **L. obovatum** dadurch, dass das Närbchen spitzwinkeliger und auch das Schüldchen im Verhältniss zur ganzen Narbe etwas grösser ist. Im Ganzen trägt sie den Charakter des schärferen Abgegrenztseins der Formen. (O. Feistmantel, Verst. d. böhm. Ablag. II, p. 35.)

Lepidodendron *obovatum* Sthg. . . . . . . XIV. 4—6; XV. 1.

<small>(Sammlung d. k. k. Bergakademie in Příbram. Localität: Blas Fig. 6.
XIV. u. 1. XV. bröhmorjönä Fig. 4. 5, Taf. XIV. in Böhmen.)</small>

Die Blattnarben oval, oben spitz, nach unten verengt und gekrümmt; am Ursprunge der Mittellinie unter dem Schüldchen zu beiden Seiten mit einem Punkte versehen. Das Närbchen stumpfrhombisch mit drei Punkten versehen. (O. Feistmantel, Verst. d. böhm. Kohlenablag. II, p. 32.)

Lepidodendron *Sternbergii* Brongn. . . . . XIII. 8—10.

<small>(Sammlung d. k. k. Bergakademie in Příbram. Localität: Kladno u.
7, Mitelachen 5, 6 u. Hostialer 10 in Böhmen; Blattpolster aus Gemitz,
Verst. d. Braunkohlenformat. in Sachsen, III. 2.4. 6 u. 7 d. Fig. 6 in Naturgröße ?.)</small>

Die rhomboidischen oben und unten zugespitzten und durch eine mittlere Längsfurche getheilten Blattkissen der älteren Stämme sind bis über 2¹/₂'' lang. An jungen Zweigen dagegen, welche Sternberg unter der Benennung **Lepidodendron dichotomum** beschrieben hat, sind sie viel kleiner und von subquadratischer Form. (Roemer, Lethaea geognostica, p. 212.)

Lepidodendron *elegans* L. u. II. . . . . . XIV. 1—3; XV. 9.

<small>(Sammlung d. k. k. Bergakademie in Příbram. Localität: Kladno
XIV. 1, Diamnitz XIV. 2. 3 u. Schlossdzeid XV. 9 in Böhmen.)</small>

Die Blattnarben länglich oval, gegen die Basis hin allmälig verengt; das Närbchen excentrisch, rundlich oder punktförmig; die Blätter linear-lanzett. Meist sind die Exemplare dieser Art entblösst erhalten und dann als Negativabdrücke der Rindenoberfläche. (XIV. 3 die obere Hälfte.) (O. Feistmantel, Verst. d. böhm. Ablag. II, p. 29.)

Lepidodendron *nasosum* Stbg. . . . . XV, 4—6.

(Geologisch-palaeontologische Sammlung des Museum regni Bohemiae. Localität: Radnitz, Břas u. Kralup in Böhmen; Blattpolster vergr. aus Gelait, Verst. d. Steinkohlenformat. in Sachsen, III, 12,8.)

Die Blattnarben sind langgestreckt, rhombisch, manchmal an den Seitenecken abgestumpft; längs der Mitte sind sie gekielt; etwa im Mittelpunkte der Narbe befindet sich ein Narbenschildchen; dieses ist deutlich fast quadratisch rhombisch, etwas concav; in seiner Fläche befinden sich nun die 3 Gefässpunkte, die jedoch sehr häufig fehlen. Die Narben stehen in den meisten Fällen von einander ab und sind durch einen unregelmässig, aber dennoch ziemlich gerunzelten Raum von einander getrennt; manchmal berühren die Narben einander und ihre Seitenecken sind nicht so stark abgestumpft. (O. Feistmantel, Verst. d. böhm. Ablag. II, p. 37 u. 88.)

Lepidodendron *Volkmannianum* Stbg. . . . . . . XV, 2. 3.

(Ross, Oelsnitzer & Ottoweer u. Waldenburger Schichten. XVIII, 1; XXIII, 2.)

Polster meist in einander verfliessend, Narben fast halbmondförmig, horizontal gestellt. Nähert sich Sigillaria. (Weiss, Aus d. Flora d. Steinkohlenformat., p. 8.)

Lepidophloios, Sternberg.
XV, 13—17.

Die Blattpolster sind nicht flach wie bei Lepidodendron, vielmehr als hohe Kegel mit steiler Böschung entwickelt, die dicht aneinander gedrängt den Stamm mit einem Panzer von Blattfüssen, in ähnlicher Weise wie es bei den recenten Cycadeen der Fall, umgeben. Dazu kommt, dass ihre Basis querrhombische Form hat, die seitlichen Ecken spitzwinklig, die medianen sehr stumpf ausfallen, wodurch sie einen ganz anderen Habitus als die langgestreckten der Lepidodendren erhalten und wie schuppenförmige Blätter erscheinen. Bei ihrer geneigten Stellung decken sie einander natürlich nach Art der Dachziegel gegenseitig; man bekommt bei Betrachtung von aussen nur den vorderen Theil ihres einen Wangenpaares zu sehen, auf dessen Rand aus der vordersten Spitze das Abbruchfeld der Blattspreite gelangen ist. Dieses Feld hat ähnlichen Umriss wie das ganze Polster; seine seitlichen Ecken sind sehr scharf, es ist, mit dem der Lepidodendreen verglichen, stark in medianer Richtung zusammengedrückt. Auf ihm sind wiederum in gewohnter Weise die 3 Spurpunkte zu finden, deren mittlerer dem Querbruch des Gefässbündels entspricht. Bei der Aussenansicht kann man nur einer der Wangenpaare sehen, und es ist noch immer fraglich ob man es als unteres oder oberes Wangenpaar deuten solle. Bei gut erhaltenen Exemplaren kann man auf dem sichtbaren Wangenpaar, der Medianlinie aufsitzend, die sogenannte Ligulargrube ganz allgemein erkennen. Die Grösse der Blattpolster, die Wölbung ihres vorderen, das Narbenfeld tragenden Randes, sind sehr verschieden. (Solms-Laubach, Einleitung in d. Palaeophytologie, p. 216 u. folgende.)

Lepidophloios *laricinus* Stbg. . . . . . XV, 13—17. 13 a vergröss.

(Sammlung d. k. k. Bergakademie in Příbram. Localität: Stradonaprad, Böhmen.)

Die typische Art der Gattung mit flachen, fast halbkreisförmigen Schuppen, die in der Mitte mit einem stumpfen Stiele versehen und am unteren Rande ausgebissen sind. Die eigentliche querrhombische Blattnarbe ist mit drei punktförmigen Erhöhungen versehen. (Fig. 13 a vergr.) Die Figuren veranschaulichen verschiedene Erhaltungsstadien einer und derselben Species. (Goeppert, Lethaea geognostica, p. 219.)

Bergeria, Presl.
XV, 11.

Bergeria werden Lepidodendron-Stammoberflächen auch blossem Verlust des Blattgewebes bezeichnet. An den Bergerien markirt sich oft noch die Stelle, wo darüber die Blattnarbe sass, mehr oder minder deutlich, namentlich tritt der Durchtrittspunkt der Blattspur in der oberen Partie, aber auch im Centrum der Felder meist deutlich in die Erscheinung. (Potonié, Lehrb. d. Pflanzenpalaeont., p. 223.)

Bergeria *rhombica* Presl. . . . . XV, 11.

(Sammlung d. k. k. Bergakademie in Příbram. Localität: Blattnitz, Böhmen.)

Narben fast quadratisch-rhombisch, von einer tiefen Furche umgeben, in der Mitte stumpf gekielt, an der Spitze (oben) ein ovalpunktförmiges Närbchen. (O. Feistmantel, Verst. d. böhm. Ablag. II, p. 26.)

Aspidiaria, Presl.

XIV, 7.

Die Epidermis der Lepidodendron-Stämme bildet von der Innenseite gesehen rhombenförmige Vertiefungen, welche den Blatt-Polstern entsprechen. Werden die Vertiefungen nach Schwund des dieselben ausfüllenden zarteren Gewebes mit Gesteinsmasse ausgefüllt, so entstehen flache oder durch die Ausfüllungsmasse mehr oder minder stark hervorragende Felder, welche in ihrem Centrum ein punktförmiges, der Blattspur entsprechendes Mal oder dort eine wulstförmige Stelle aufweisen. Meisselt man daher ein Aspidiaria-Feld hinweg, so kommt unter günstigen Umständen unter der Gesteinsmasse desselben der Hohldruck eines Lepidodendron-Polsters zum Vorschein. Während aber bei den Aspidiarien der Blattspurenquerschnitt, wegen des Heranlaufens der Spur in die Rinde, im Centrum des Feldes sitzt, erblickt man denselben bei dem Bergeria-Zustande (also nach blosser Entfernung der Epidermis resp. des Bastgewebes) wie bei den Lepidodendron-Polstern meist in der oberen Hälfte desselben. Ferner pflegen sich die Furchen, welche die Lepidodendron-Polster seitlich von einander trennen, bei Aspidiaria als erhabene Leisten (unser Exemplar stellt einen Abdruck dar?) zu markiren, während die Grenzen der Bergeria-Wülste mehr vertiefet sind. (Potonie, Lehrb. d. Pflanzenpalaeont., p. 224.)

Aspidiaria undulata Stbg. . . . . XIV, 7.

(Sammlung d. k. k. Bergakademie in Přibram. Localität: Straussgend in Böhmen.)

Der Stamm ist mit grossen elliptischen, beiderseits zugespitzten, weitmaschig gestreiften Narben dicht bedeckt. Jede derselben ist gewölbt, ihrer ganzen Länge nach gekielt und enthält wenig über der Mitte ein vorstehendes rhombisches Schildchen, in dessen Mitte ein linien-förmiger Spalt beobachtet wird (unser Exemplar stellt, wie bereits erwähnt einen Abdruck dar?). (Geinitz, Verst. d. Steinkohlenformat. in Sachsen, p. 37.)

Knorria, Sternberg.

XV, 10.

Die Knorrien sind Steinkerne von Stengelorganen, deren Oberfläche die Skulptur einer der Oberfläche parallel liegenden inneren,

6*

noch zur Rinde gehörigen Fläche der Stengel- resp. Stamm-Theile wiedergiebt. Nur in verhältnissmässig seltenen Fällen ist bei den Knorrien der Aussentheil der Rinde und zwar in Form eines kohligen, dickeren oder dünneren Überzuges erhalten, dessen Aussenskulptur darüber Auskunft giebt, zu welcher bekannteren fossilen Gattung oder zu welchen Gattungen die Knorrien gehören. Die Oberfläche der Knorria-Reste ist mit in Schrägzeilen stehenden Wülsten (Höckern) besetzt, welche nach abwärts mehr oder weniger weit herablaufen und oben in eine kegelförmige, oft abgebrochene Spitze enden, die sich durch eine scharfe Trennungsfläche von der Hauptaxe der Reste von dem stammsförmigen Hauptheil derselben, abschnüren kann, in anderen Fällen aber dicht anfügt und dann auch nicht so leicht in Gefahr kommt abzubrechen. Auf dem Scheitel der kegelförmigen Wulstspitze ist bei guter Erhaltung ein der Blattspur entsprechender Eindruck von wechselnder Tiefe zu sehen. Je nach der dichteren oder cageren Stellung, der Grösse und Gestalt der Knorria-Wülste sind mehrere „Arten" unterschieden worden, die aber durch Zwischenformen verbunden sind und daher in Einzelfällen kaum oder nicht unterscheidbar sind. (Potonié, Lehrb. d. Pflanzenpalaeont., p. 224—225.)

Knorria imbricata Stbg. . . . . XV. 16.

(Sammlung d. k. k. Bergakademie in Přibram. Localität: Landshut in Schlesien.)

Wülste dicht-gedrängt, dachziegelig stehend. (Potonié, Lehrb. d. Pflanzenpalaeont., p. 225.)

Ulodendron, Sternberg.
XV. 16.

Die Ulodendron-Stämme charakterisieren sich dadurch, dass an ihrer mit Lepidodendronpolstern bedeckten Oberfläche zwei einander gegenüberstehende senkrechte Reihen von mporigen gewöhnlich schüssel- oder becherförmig vertieften, in Hohldruck convex hervortretenden Narben sich finden, die fast bis zu gegenseitiger Berührung an einander gedrängt, oder durch grössere Intervalle innerhalb jeder Reihe geschieden sein können. Es sind gewöhnlich starke, dicke Stammstücke, die den Ulodendroncharakter aufweisen, an welchen nur in seltensten Fällen Verzweigung beobachtet ist. Nur selten findet man an ihnen den Oberflächencharakter deutlich erhalten gewöhnlich kommen sie in Form innerer Steinkerne zur Beobachtung, an denen die Blattstellung dann nur an den kleinen, als linienförmige Wülste vortretenden Höckern erkannt werden kann, die den Spurbündeln ihre Entstehung verdanken. In seltenen Fällen sitzen noch Fruchtzapfen den Ulodendronnarben an, wodurch die Bedeutung dieser grossen schüsselförmigen Narben klargestellt wird. (Solms-Laubach, Einleit. in d. Palaeophytologie, p. 214 u. folgende.) **Ulodendron** sp. (Sammlung d. k. k. Bergakademie in Příbram. Localität: Steinschiefer in Böhmen. Massstab ¹⁄₁.)

<h3 style="text-align:center">Halonia. Lindley u. Hutton.
XVI, 1 u. 2.</h3>

Die Halonien sind Stamm-Organe, bedeckt mit entfernt stehenden, breitkegelförmigen Wülsten, deren Gipfel abgeflacht sind und in deren Centrum eine punkt- bis kreis- oder mehr oder minder ellipsoidförmige, kleine Narbe sich bemerkbar macht. Zwischen den Wülsten ist oft Bergeria ähnliche Felderung wahrnehmbar. In günstigen Fällen sitzen den centralen Narben der Wülste Blättchen an. Sind die epidermalen Gewebe der Halonien noch erhalten, so ergiebt sich die Zugehörigkeit derselben zu **Lepidophloios**. (Potonié, Lehrb. d. Pflanzenpalaeont., p. 241.)

Halonia *regularis* L. u. H. . . . . XVI, 1. 2.

(Sammlung d. k. k. Bergakademie in Příbram. Localität: Mürischau u. Lhotnitze in Böhmen. Fig. 1 in Massstabe ⁴⁄₁, des Originales.)

Der punktirte und gestreifte Stamm, an welchem Fig. 1 oben und unten links die **Lepidophloios**-Blattpolster deutlich zu sehen sind, ist mit Höckern in steilen Spiralen bedeckt, die wohl Ansatzstellen von Zapfen bedeuten. (Theils nach Weiss, Aus d. Flora d. Steinkohlenformat., p. 9.)

<h3>Lepidostrobus, Brongniart und Lepidophyllum, Brongniart.
XVI, 3—6.   XVI, 7—9.</h3>

Subcylindrische oder länglich eiförmige Zapfen (**Lepidostrobus**), welche aus einer vertikalen Achse und an dieselbe angefügten fruchttragenden Bracteen oder Schuppenblättern (**Lepidophyllum**) bestehen. Die Bracteen sind in ihrem zugespitzten oberen Theile mehr oder weniger an den Zapfen angedrückt; unten biegen sie sich plötzlich fast rechtwinkelig um und fügen sich mit einem wagerechten ein einzelnes Sporangium tragendes schmalen Basilartheile an die Achse an. Die Sporangien sind subcylindrisch oder etwas keulenförmig und springen an den Seiten auf. Die Sporen sind isomorph oder dimorph. (Roemer, Lethaea geognostica, p. 214.)

Lepidostrobus *variabilis* L. u. H. . . . . XVI, 3—6.

(Sammlung d. k. k. Bergakademie in Přibram. Localität: Kreinich-Schacht Fig. 3, Stradonitzel Fig. 4, 5, Miröschau Fig. 6 in Böhmen. Fig. 3 und 4 in Massstabe ¹/₁.)

Durch verlängerte fast genau walzenrunde Form ausgezeichnet. Die Bracteen mit einem kurzen lanzettförmigen Fortsatze endigend. Zuweilen sind die Zapfen auch verlängert eiförmig. Die Sporangien sind unbekannt. (Roemer, Lethaea geognostica, p. 215.)

Lepidophyllum *majus* Brongn. . . . . XVI, 7—9.

(Sammlung d. k. k. Bergakademie in Přibram. Localität: Stradonitzel Fig. 7 und Kreinich-Schacht Fig. 8, 9 in Böhmen.)

Lanzettförmig mit breiter, flacher Mittelrippe. Das subtriangulare untere Ende ist von der übrigen Blattfläche scharf geschieden. (Roemer, Lethaea geognostica, p. 217.)

Sigillarieae.

Baumförmige Pflanzen von cylindrischer Gestalt, die eine geringe Entwicklung des Verzweigungssystems besessen haben mögen und daher nur äusserst selten eine gegen die Spitze hin dichotomische Theilung wahrnehmen lassen. Ihre glatte, schräg gegitterte oder längsgefurchte Oberfläche ist mit regelmässig in spiralen geordneten und in senkrechten Reihen stehenden schildförmigen Blattnarben versehen, welch letztere je drei kleine in einer Querreihe stehende Närbchen zeigen. Blätter lineal mit breiten Mittelnerv. Das Fruchtstadium zapfenartig (Sigillariostrobus). Sigillarien werden von einzelnen (Williamson, Zeiller, Solms-Laubach) zu den Lepidodendren und mit diesen zu den Lycopodiaceen gestellt, von Anderen (Brongniart, Renault) zu den Cycadeen.

Die Beschaffenheit und Stellung der Blattnarben dient als Hauptmerkmal zur Unterscheidung der Arten und deren Gruppeneintheilung.

Die polygonalen meist in deutlichen Längszeilen auf der Stammoberfläche stehenden Blattnarben bekommen durch abwechselnde
Abstumpfung der beiden medianen Ecken sechseckige Form, die
mitunter fast rund oder eiförmig werden kann, und entweder in die
Breite oder in die Länge gezogen erscheint. Die Narbenfläche ist
am deutlichsten auf Hohldruckexemplaren nach Entfernung der
Kohlenreste zu erkennen, an Steinkern hingegen nur selten, „wenn
nämlich die Kohlenrinde in ihrer ganzen Dicke sich aus dem Hohldruck mit herausgelöst hat." (Solms-Laubach. Einl in d. Palaeophytologie, p. 242.) Die Spur liegt in der Mitte des Narbenfläches
oder häufiger in seiner oberen Hälfte (bei Lepidodendron am unteren Rand demselben[?]) und besteht aus drei Närbchen (Höckern,
resp. Eindrücken), von denen das mittlere, punktförmige oder etwas
quer verlängerte der Gefässbündelspur entspricht, d. h. diejenige
Stelle bezeichnet, wo die Gefässbündel in die Blattstiele treten.
Die seitlichen Närbchen sind strich- oder kommaförmig, von der
senkrechten Richtung schief, oder sogar horizontal abstehend, gewöhnlich aber halbmondförmig, den mittleren Spurpunkt einklam-
mernd. Dicht über einer jeden Blattnarbe liegt ein kleines mit
hufeisenförmiger Zeichnung umgebenes Grübchen, das man als
Ligulargrube, d. h. als Spur nach einem abgefallenen, weit vorra-
genden Blattauswuchse (ähnlich wie bei der lebenden Gattung Isoëtes?) zu bezeichnen gewohnt ist.

Die Stellung der Blattnarben und dadurch bedingte Form der
Flächenoberfläche dienten und dienen noch jetzt zur Aufstellung der
fünf südlichen Abtheilungen, von denen die modernen Forschungen
gezeigt haben, dass sie „in fortlaufender Reihe mit einander verbunden sind, so dass es Zwischenformen giebt, welche nur mit
grössten Zwang der einen oder der anderen Abtheilung zugewiesen
werden können." In Folge dessen vertheilen sich die fünf Ober-
flächenformen der Sigillarien in zwei Hauptgruppen, von denen die
erste, Eusigillariae Weiss, vorwiegend im mittleren productiven
Carbon (Saarbrücker Schichten), die zweite Subsigillariae Weiss,
vorwiegend im oberen productiven Carbon (Ottweiler Schichten) und
auch im Rothliegenden verbreitet sind.

Die Narben der breiten und flach gewölbten Rippen der
Eusigillarien bilden stets gerade Zeilen, d. h. Orthostichen, wobei
die Rippen entweder durch zickzackförmige Linien von einander
getrennt sind (Favularia-Skulptur Fig. 1), oder gerade verlaufende
Trennungsfurchen aufweisen (Rhytidolepis-Skulptur Fig. 2); im letz-

terem Falle können die Rippen in 3, seltener 5 Längsfelder zerfallen, deren mittlere Partie die Blattnarben trägt (*Palleriana*-
Skulptur Fig. 3). Sind zwischen den einzelnen Narben der Rhyti-

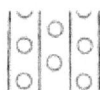  

Fig. 2.   Fig. 3.   Fig. 1.

dolepis-Skulptur mehr oder minder deutliche Querfurchen entwickelt, so
entsteht die sogen. *Tessellata*-Skulptur Fig. 4, bei welcher die Polster
deutlich angedeutet sind, wodurch sie einen Übergang zum Favu-
laris-Typus bildet. „An einem und demselben Stück können gele-

gentlich mehrere der Skulpturen untereinander ab-
wechseln: *Wechselzonen-Bildung*, eine Erscheinung, die auf äussere Einflüsse wesentlich wech-
selnde Trockenngsverhältnisse, zurückzuführen
ist. Es kommt vor Rhytidolepis- mit Favularis-
Skulptur, sowie Rhytidolepis- mit Tessellata-
Skulptur." (Potonié, Lehrbuch d. Pflanzenpalaeontologie, p. 250—251, Fig. 239.)

Fig. 4.

Die Narben der Subsigillarien stehen in *Schrägreihen*, *Para-
stichen*, und bilden entweder mehr oder minder rhombische Polster
(*Clathraria*-, resp. *Camellata*-Skulptur Fig. 5), oder sie treten in
regelmässiger Verteilung und ohne Polsterabgrenzung auf die far-
minösen Enrindungsstücke auf (*Leiodermaria*-Skulptur Fig. 6). Auch
bei dieser Sigillariengruppe kommt die Wechselzonen-Bildung vor.

Fig. 5.   Fig. 6.

Entfernt man die Kohlenrinde der Sigillarien, so bleiben die
inneren Abdrücke, Steinkerne oder Dekortikate zurück, welche met-

steus gestreift sind und bei welchen die Blattspuren in Form von drei Höckern (bei *Lepidodendron* ein Höcker!) auftreten; der kleine mittlere Höcker ist gewöhnlich nicht sichtbar, die beiden seitlichen sind deutlich und als parallele Striche ausgebildet (siehe z. B. Taf. XVII, Fig. 11). Wenn die strichförmigen paarigen Eindrücke, resp. wulstartige Erhöhungen elliptisch werden und weiter an Breite gewinnend sich endlich berühren und theilweise vereinigen (*Sigillaria reniformis* Brongn.) so werden sie von einigen Autoren für eine eigene Gattung *Syringodendron* Sternbg. gehalten (Taf. XVII, Fig. 20; Taf. XVIII, Fig. 1—7). — Ausserdem findet man auf dem Steinkern unter der Rinde knotrienartige Wülste, welche die Gattung Sigillaria an *Lepidodendron* nahe stellen (vergl. Taf. XV, Fig. 5 u. Taf. XVII, Fig. 13); sie sind — nach Weiss — „länglich,“ mehr oder weniger schuppenförmig, aufwärts gerichtet, verfliessen nach unten in die Gesteinsmasse, sind aber auch oben scharf begrenzt und führen als Ausfüllung von Hohlräumen (wohl durch Ausfaulen entstanden) in die Blättchen. (Weiss, Die Sigillarien d. preuss. Steinkohlen u. Rothliegendengebiete II. p. 32.)

Die Blätter der Sigillarien, die man meistens isolirt und nur höchst selten in directem Zusammenhang mit Sigillaria-Stämmen antrifft, sind lang linealisch und durch den stark vortretenden Mittelnerven gekielt.

Die einzige Gattung dieser Familie stellt uns

Sigillaria Brongn.

dar, deren Diagnose das enthält, was schon für die Charakteristik der ganzen Familie angeführt ist.

A. Eusigillarieae.

Sigillaria *elegans* Brongn. . . . . XVI, 10, 10 a.

[Etlingr-gaborrat, Sammlung d. „Museum regul Bohemien.“ Localität: Wetrin in Deutschland; Brongniart, Hist. d. végét. foss. Atlas CXLVI, 1 A.]

Die scharfen Längsfurchen und Rippen mit entschiedenem Zickzack, die regulär- bis breit-sechseckigen Polster, welche mehr oder weniger gewölbt sind, besonders auch am Grunde stärker vortreten, die sechsseitige Gestalt der Narben, an denen meist nur die Seitenecken scharf sind, die meist entschieden excentrisch, seltener angenähert central, theils oben nur wenig, theils

recht merklich schmäler sind als unten (letztere die erhte Breogniart-
sche *elegans*-Form!), bilden die Hauptmerkmale der Art. Es giebt
aber mancherlei Variationen. (Weiss, Die Sigillarien d. preussischen
Steinkohlengebiete, I. Die Gruppe der Favularien. p. 32—33.)

Sigillaria *Knorri* Brongn. . . . . XVI, 11. 11 a.

(Geolog.-palaeont. Sammlung des „Museum regni Bohemiae." Localität:
Rha in Böhmen.)

Die Rippen abwechselnd etwas eingezogen, die Narben scheibenförmig, genähert, fast sich berührend, sechseckig, der Längs-
durchmesser dem Breitendurchmesser gleich oder etwas länger.
Gefässnarbchen drei, die mittlere punktförmig, die seitlichen bogig,
kurz; die Rinde dünn; der entrindete Stamm mit Wärzchen; die
Gefässnärbchen gerundet, stark ausgedrückt. (O. Feistmantel, Verst.
d. böhm. Ablag. III. p. 10.)

Sigillaria *alveolaris* Brongn. . . . . XVI, 13.

(Sammlung d. k. k. Bergakademie in Příbram. Localität: Steinenjerd,
Böhmen.)

Die Rippen gleich, etwas schmal, die Narben viel, scheibenförmig, genähert, fast sich berührend; Gefässnärbchen drei, das
mittlere punktförmig, die äusseren fast bogig. (O. Feistmantel,
Verst. d. böhm. Ablag. III, p. 10.)

Sigillaria *tessellata* Brongn. . . . . XVI. 12.

(Schimper, Traité de paléont. vége. 1869 LVIII, 1.)

Diese Art hat, wenn sie regelmässig entwickelt ist, fast deutlich sechseckige Narben die in senkrechten Reihen untereinander
stehen, und mit den blatteren Seiten sich aneinander anschliessen.
Die Narben der einzelnen Reihen sind so angeordnet, dass immer
die einspringenden Winkel zwischen je zwei Narben der anderen
Reihen eingreifen. (O. Feistmantel, Verst. d. böhm. Ablag. III,
p. 8.) **Sigillaria** cyclostigma Brongn. sp. XVI. 14. (?
(Brongniart, Hist. d. végét. foss. CLXVI, 2. 3) Dürfte nach
Schimper vielleicht nur als Decorticalstadium von *Sigillaria*
tessellata Brongn. aufgefasst werden.

Sigillaria *trigona* Sthg. sp. . . . . XXII. 1.

(Geolog.-palaeont. Sammlung des „Museum regni Bohemiae." Localität:
Rha, Böhmen.)

Kräftige Furchen und starker Zickzack; Punkte und Narben
gross, erstere vorspringend, besonders mit ihrem unteren Theile

sechseckig, etwa so hoch als breit. **Blattnarben**, wo sie normal sind, **glockenförmig**; starke vorspringende Seitenecken; Oberrand hoch gewölbt, an den Seiten geschweift. Unterrand flacher gewölbt, breiter; ungekerbt; ziemlich stark, aber verschieden excentrisch; 3 grosse Närbchen. (Weiss, Die Sigillarien d. preuss. Steinkohlengebiete, I. Die Gruppe d. Favularien, p. 18.)

Sigillaria *Deutschii* Brongn . . . . XVII, 2.

(Brongniart, Hist. d. veget. foss. Atlas CLIII. 5.)

Polster und Narben sehr regelmässig, erstere stark hervortretend, letztere haben spitze Seitenecken. (Weiss, Aus d. Flora d. Steinkohlenf., p. 5.)

Sigillaria *pyriformis* Brongn. . . . . XVII, 3.

(Geolog.-paläeont. Sammlung des „Museum regni Bohemiae" Leoschtitz. Hras in Böhmen.)

Der Stamm gerippt, die Furchen deutlich gewunden. Die Rinde längsgestreift, über der Narbe durch eine gebogene Querfurche, unter derselben manchmal durch Querrunzeln gekennzeichnet. Die Narben scheibenförmig, oblong, stumpf, unten breiter, im oberen Theil der Narbe drei Gefässnärbchen, das mittlere punktförmig, sehr klein, die seitlichen bogig.

Diese Art ist ausgezeichnet durch ihre ziemlich grossen Narben von charakteristischer Form, die an die Birnenform erinnert. (O. Feistmantel, Verst. d. böhm. Ablag. III, p. 16.)

Sigillaria *pachyderma* Brongn . . . . XVII, 4.

(Brongniart Hist. d. veget. foss. Atlas CL, 1.)

Die seitlichen Gefässbündelnärbchen sind stark gebogen, so dass sie kreisförmig zusammenlaufen. Rinde dick, unterhalb der Narben querrunzelig gestreift. Narben riefenig, oben abgestumpft, unten mit scharfen rechtwinkligen Seitenecken versehen, die Richtung abwärts auslaufen. 7—8ᵐᵐ lang, 4—5ᵐᵐ breit; Rippenbreite 10ᵐᵐ, Interfoliardistanz (Narbenzwischenräume) 11ᵐᵐ. (Gutbier, Pflanzenverst. d. Steinkohlengeb. v. Saarbrücken, p. 41.)

Sigillaria *scutellata* Brongn . . . . XVII, 6.

(Brongniart, Hist. d. veget. foss. Atlas CXLIX, 1.)

Narben meist mit dem unteren Rande stärker hervortretend; unvollständige bogige Querfurche über der Narbe, 2 Querrunzelreihen divergirend unter der Narbe, 2 herablaufende Linien von den Seitenecken der Narben aus. (Weiss, Aus d. Flora d. Steinkohlenformat., p. 5.)

Sigillaria *rhytidolepis* Corda . . . . XVII, 8—9.
(Sammlung d. k. k. Bergakademie in Příbram. Localität: Swinaujezd, Böhmen.; Geolog.-palaeont. Sammlung d. „Museum regni Bohemiae." Localität: Svinná, Böhmen.)

Narben eiförmig, oben verschmälert und zugerundet, fast so breit als die Rippen, an den breiten Stellen 8 %₀ lang, 4—5 %₀ breit, in Abständen von 28 %₀; mittleres Närbchen warzenförmig und in der Mitte durchbohrt; die seitlichen Narbchen länglich aufrecht. Rippen ebenfalls fein querfaltig, von 3—5 %₀ Breite. (Goldenberg, Pflanzenreste d. Steinkohlengeb. v. Saarbrücken, p. 13.)

Sigillaria *Graeseri* Brongn. . . . . XVII, 7.
(Brongniart, Hist. d. végét. foss. CLXIV, 1.)

Rippen wellig, schmal; Narben birnförmig mit 2 dicht stehenden Runzelreihen unter sich, gedrängt. (Weiss, Aus d. Flora d. Steinkohlenformat., p. 6.)

Sigillaria *Sauöii* Brongn . . . . XVII, 5.
(Brongniart, Hist. d. végét. foss. CLI.)

Rippen 10 %₀ breit, stark gewölbt, bei den Narben erweitert. Rinde ziemlich dick, unterhalb der Narben jederseits fein querstreifig, oberhalb derselben mit einer schmachen Querfurche versehen. Narben rundlich eiförmig mit kaum merkbaren Seitenecken, 9—10 %₀ lang, 8 %₀ breit; Interfollarabstand (Narbenzwischenraum) 8 %₀. (Goldenberg, Pflanzenreste d. Steinkohlengeb. v. Saarbrücken, p. 11—12.)

Sigillaria *angusta* Brongn. XVII, 10—12 u. **Sigillaria** *elongata*
Brongn. . . . . XVII, 13.
(Sammlung d. k. k. Bergakademie in Příbram. Localität: Swinaujezd, Böhmen.)

Müssen als Decorticstadien zu vielen anderen Sigillarien aufgefasst werden. (Siehe darüber O. Feistmantel, Verst. d. böhm. Ablag. III, p. 22 u. 25.)

Sigillaria *Sublimeavei* Brongn. (incl. Cortei Brongn.) XVII, 14 u 16.
(Sammlung d. k. k. Bergakademie in Příbram. Localität: Svinařova,
Böhmen; Geolog.-palaeont. Sammlung d. „Musaeum regni Bohemiae." Loca-
lität: Řhet in Böhmen.)

Narbe birnförmig verlängert, von den Seitenlinien derselben
läuft je eine Linie herab, zwischen sich ein quergerunzeltes Mittelfeld bildend. (Potonié, Lehrb. d. Pflanzenpalaeont., p 254.)

B. Subsigillarieae.

Sigillaria *menbrot* Weiss, *forma deanulata* Goepp. sp. XVIII, 8. 8 a.
(Weiss, Die Sigillarien d. preuss. Steinkohlen- u. Rothliegenden-Gebiete, II. Die Gruppe d. Subsigillarien, Atlas VIII, 29. 30 A.)

Blattnarbe subquadratisch, oben gekerbt. Seitenecken
fast rechtwinklig. Untere Ecke abgerundet bis stumpflich-spitz.
Seitenränder fast gerade. Drei Närbchen wie gewöhnlich. Einge-
stochener Punkt über der Blattnarbe (Ligulargrube), zuweilen fehlend.
Die Längenaxis groß, etwas völlig, fast gerade, nur bei den
Seitenecken der Blattnarben wenig ausbiegend. Die feinen, kurzen
Querrunzeln zu einem schmalen Hofe um die Blattnarbe
und unter derselben etwas weiter abwärts vorwiegend, sonst gleich-
mäßig vertheilt, mit einer einfachen Reihe punktförmiger
Poren versehen. Steinkern ziemlich flachgewölbt mit kleinen,
länglichen Narbenporen, die ein punktförmiges Mal einschliessen.
(Weiss, op. cit. p. 92.)

Sigillaria *campdacensis* (= rimosa Goldenberg) Wood. XVIII, 9—11.
(Weiss, Die Sigillarien d. preuss. Steinkohlen- u. Rothliegenden-Gebiete, II. Die Gruppe der Subsigillarien, Atlas IV, 22 A. 21. 25.)

Stämme, deren Oberfläche bisher nur selten derb gefunden
wurde, welche aber mit mehr oder weniger geschlängelten
Runzelungen oder Streifen versehen ist, die schräg von
Narbe zu Narbe verlaufen. Die Blattnarben sind bei guter Erhaltung zwischen querrhombisch und querelliptisch mit spitzen
und in querlaufende Kantra verlängerten Seitenecken. In der
Narbe haben die 3 Närbchen eine solche Umbildung erfahren, dass
sie wohl kaum zu 3 auftreten, sondern mehr oder weniger deutlich
einen Ring bilden. Unter der Narbe, manchmal auch über ihr,
befinden sich ein glatteres, etwas convexes, oft schnabelförmiges
Feld, welches in die Runzeln sich auflöst. Der convexe Streifen

94 Sigillariese

unter der Narbe setzt sich als Strang durch die Rinde bis zum Holzkörper fort und bildet auf dem entrindeten Steinkern vorstehende Wülste oder Schuppen in Knorrenform.

Die Blattnarbe wird häufig dadurch scheinbar verändert, dass der oberste in der Narbe endende Spitzentheil dieser Wülste sich ablöst und abfällt und eine concave, länglich elliptische bis rundliche Narbe hervorruft, die nicht Blattnarbe ist. (Fig. 10 u. 11.) Von den Haupt-Schrägzeilen die steileren am meisten vortretend. Kohlenrinde ist stets dünn. (Weiss, Die Sigillarien d. preuss. Steinkohlen- u. Rothliegenden-Gebiete, II. Die Gruppe d. Subsigillarien, p. 65–66.)

Sigillaria oculata Brongn. . . . . XVIII. 12.
(Geologisch-paläont. Sammlung d. „Museum regni Bohemiae." Localität: Brandau im Erzgebirge.)

Stamm gerippt, die Rippen dünn, die Furchen gerade, deutlich, die Narben scheibenförmig, oval-rundlich, oben zugerundet, etwas länger als der Narbenzwischenraum, im Querdurchmesser der Breite der Rippen fast gleich. Gefässnärbchen drei, in der Mitte punktförmig, die seitlichen bogig.

Ausgezeichnet durch die fast zweiliche Enge der Narben, die ziemlich nahe an einander stehen. (O. Feistmantel, Verst. d. böhm. Kohlenablag. III, 20.)

Sigillaria mutans Weiss, forma *Brardi* Brongn. . . XVIII. 16–16.
(Sammlung d. k. k. Bergakademie in Příbram. Localität: Moždakůn, Böhmen; Weiss, Durch Tück z. jüngsten Steinkohlenformat u. der Rothliegenden im Saar-Rheingebiete, XVI. 2; Weiss, Die Sigillarien d. preuss. steinkohlen- u. Rothliegenden-Gebiete, II. Die Gruppe d. Subsigillarien, Atlas XV, 60 A u. 60 B Verkl.)

Blattnarben bei den typischen Formen verhältnissmässig gross, bei anderen kleiner, meist abgerundet subquadratisch, zuweilen abgerundet-trapezoidisch, selten querrhomboidisch, mit vortretenden Seitenecken, meist seitlich stärker geschweiften, schwach gewölbten, oben mehr oder weniger ausgerandetem Oberrande und einem eingestochenen Pünktchen (Ligulargrube) über demselben, gewöhnlich über, selten in der Mitte des Blattpolsters stehend. — Die drei Närbchen in der Blattnarbe wie gewöhnlich, das mittlere horizontal, oben convex, die seitlichen schräg, wenig bogig (auswärts) bis geradlinig. — Blattpolster veränderlich in Gestalt und Grösse, namentlich an der Basis der

Zweige und in der Nähe der Ährennarben mehr oder weniger stark gewölbt, meist subquadratisch-spatelförmig, subquadratisch fünf- oder sechsseitig, zuweilen subrhomboidisch-spatelförmig bis querrhombisch, oben durch eine um die Blattnarbe in ungestörtem Bogen oder auch mehr geradlinig verlaufende und meist nicht stärker markirte Furche, seitlich durch nach innen concave, abwärts sich gegenseitig nähernde Furchen abgegrenzt und unten durch den oberen Bogen des nächst tieferen Polsters abgestutzt, ohne oder mit wenigen Lücken- und Querrunzeln, zuweilen fein gerunzelt oder punktirt. Die Seitenecken der Blattnarben und Polster meist durch Eckenkasten verbunden. Unter der Blattnarbe zuweilen zwei erhabene Längsfalten. (Weiss, op. cit. p. 132—133.)

Sigillaria Feistmanteli Geinitz. . . . . XVII, 15.
(Sammlung d. k. k. Bergakademie in Příbram. Localität: Swinonojowd, Böhmen.)

Die Längsrippen erweitern und verengern sich abwechselnd und sind daher durch wellenförmige Furchen von einander getrennt. Die grossen spitz-eiförmigen Narben werden ihrer Länge nach durch einen nur halb so langen querranzeligen Zwischenraum von einander geschieden, während ihr breitester Theil im unteren Drittheile der Narbe zugleich auch den breitesten Theil der ganzen Längsrippe beeinflusst. Die beiden halbmondförmigen Einschnitte und das von innen eingeschlossene Punkt für den Durchgang der Blattnerven fallen in das obere Drittheil der Narbe. Der Rand der letzteren ist nach oben hin scharf, nach unten aber nur schwach begrenzt, wodurch es den Anschein gewinnt, als ob langgezogene elliptische Narben unmittelbar aneinander stiessen, was jedoch nicht der Fall ist. (Geinitz, Über einige seltene Verst. aus d. unt. Dyas a. d. Steinkohlen-Formation im Neues Jahrb. f. Miner., Geol. etc. 1865, p. 392—393.)

Sigillaria rugosa Brongn. . . . . XVII, 17.
(Brongniart, Hist. d. végét. foss. Atlas CXLIV, 2.)

Rippen in 5 Längsfelder getheilt, Mittelfeld mit den Narben und unter ihnen stärker runzlig, seitliche etwas streifig, äusserste glatt. (Weiss, Aus d. Flora d. Steinkohlenformation, p. 6.)

Sigillaria *subrotunda* Brongn. . . . . XVII. 19.

(Geolog.-palaeont. Sammlung d. „Museum regni Bohemiae." Localität: Rhat, Böhmen.)

Der Stamm gerippt, die Rippen abwechselnd eingezogen und erweitert, die Rinde unter und ober den Narben gestreift oder gerunzelt. Die Narben scheibenförmig, oval-rundlich, kaum grösser als die sechsfache Narbenlänge. Gefässnärbchen drei, das mittlere punktförmig, sehr klein, die seitlichen oval. (O. Feistmantel, Verst. d. böhm. Kohlenablag. III, p. 20.)

Sigillaria *alternans* I. u. II. = *Syringodendron* Sternbg. XVIII, 1—7.

(Sammlung d. k. k. Bergakademie in Příbram. Localität: Klein (Fig. 1). Stehend (Fig. 2). Mittelchen in Böhmen.)

Rippen mit Narbenpaaren abwechselnd mit solchen ohne Narben oder mit breiterem Feldern zwischen den Narbencöben, deren Furchen verwischt sind. (Fig. 4.) Ändert ungemein ab. Narbenpaare oft in eine einzige Narbe verbiessend (Fig. 5 u. 6). Sehr häufig; meist nur Steinkern; wird sehr gross. (Weiss, Aus d. Flora d. Steinkohlenformat., p. 6.)

Sigillaria *distans* (= *organum* Schg.) Stein = *Syringodendron?* Sternbg. . . . . XVII. 20.

(Sammlung d. k. k. Bergakademie in Příbram. Localität: Brennau, Böhmen.)

Auf einer glatten Stammoberfläche fast unregelmässig stehende langliche, strichförmige Närbchen, wie sie in dieser Weise nur *Descorticaten* zukommen.

Doch kommt diese Art in dieser Form ziemlich häufig und constant vor, so dass sie unter ihm unter diversen Namen angeführt werden mag. (O. Feistmantel, Verst. d. böhm. Kohlenablag., p. 27.)

Sigillaria *Voltzi* Brongn. . . . . XVII. 18.

(Brongniart, Hist. d. végét. foss. Atlas CXLIV. 1.)

Narben unten breiter, Seitenecken tief, mit auslaufenden Linien, über den schwachen Kerbe federbuschartige Zeichnung; sonst glatt. (Weiss, Aus d. Flora d. Steinkohlenformat., p. 6.)

Sigillaria *elliptica* Brongn. . . . . XVII. 21.

(Sammlung d. k. k. Bergakademie in Příbram. Localität: Zwickau, Sachsen.)

Narben elliptisch, ausgerandet; Rippen fast glatt, zwischen den Narben wenig querrunzelig. (Weiss, Aus d. Flora d. Steinkohlenformat., p. 5.)

Stigmaria, Brongniart.
XIX, 1—3; XX, 1. 2.

Die Stigmaria-Reste scheinen als unterirdische Organe vornehmlich oder ausschliesslich den Arten der Lepidodendraceen und der Subsigillarieen zuzugehören. Es sind dichotomisch sich verzweigende Gebilde, die entweder als Steinkerne von cylindrischer, mehr oder weniger zusammengedrückter Gestalt und variirender Dicke, oder als Abdrücke erhalten sind, und deren glatte oder wenig unebene Oberfläche mit flachen, in Schrägzeilen (in Quincunx) angeordneten und in der Mitte einen punktförmigen Höcker tragenden Gruben besetzt ist. Die Gruben stammen von den cylindrischen, aber meist flach-bandförmig erhaltenen Anhängen (Appendices) her, „welche gewiss die Nahrung aus dem sumpfigen Boden aufgenommen haben, in welchem die Stigmarien lebten, also durchaus die Function typischer Wurzeln hatten." (Potonié, Lehrb. d. Pflanzenpalaeont., p. 212.)

Das gemeinste Fossil des productiven Carbon, auch im Culm und Rothliegenden vorhanden.

Stigmaria *ficoides* Brongn. . . . . XIX, 1—3; XX, 1. 2.

(Sammlung d. k. k. Bergakademie in Přibram. Localität: Mirowtschau, Fig. 3 Kinder; XX, Miröschau in Böhmen. Fig. 1 und 2 im Maasst. ⅔.)

Wohl unterirdische Stammstücke (Wurzelstöcke), mit runden eingesenkten Narben bedeckt, die in Spiralen stehen und einen starken centralen Punkt zeigen (Gefässbündelspur); öfters gehen noch bandförmig zusammengedrückte lange Organe von hier aus, die Wurzeln entsprechen. (XIX, 1 u. 3). (Weiss, Aus d. Flora d. Steinkohlenformation, 9.)

Gymnospermae.

Cordaitaceae.

Cordaites, Unger.
XIX, 4—6.

Die Cordaiten zeigen Beziehungen einerseits zu den Cycadaceen, andererseits zu den Taxaceen. Diese waren schlanke, unregelmässig verzweigte Bäume (20—30 m hoch), deren Bewurzelung ohne Pfahlwurzel flach war, und wie bei Sumpfbäumen ein horizontal verlaufendes Wurzelwerk bildete.

Die Äste der Krone trugen lang- oder kurz-bandförmige, auch verkehrt eiförmige bis länglich-elliptische, fein parallel-nervige Blätter, die beim Abfallen meist längliche, querverlaufende Narben mit Bundelspuren hinterliessen.

Der Stamm bestand aus einem cylindrischen Markkörper, der von einem Holzring und einer dicken Rindenschicht ungeben war. Die unter dem Namen *Artisia* Sternbg. XX. 13, 14. bekannten Steinkerne — cylindrische, quergeringelte oder gefurchte Fragmente, die sich an den geringsten Stellen leicht trennen — sind Ausfüllungen der Markhöhle der Cordaiten-Stämme, beziehungsweise Cordaiten-Zweige.

Die Betrachtung des inneren Baues der Blätter, der Mark- und Holzstructur, sowie auch der sehr selten vorkommenden Blüthenstände (Cordaianthus) muss hier übergangen werden und auf Lehrbücher der Phytopalaeontologie verwiesen werden. Am häufigsten kommen Blätter vor, welche durch das ganze Carbon bis in das Rothliegende verbreitet sind.

Artisia *transversa* Sternbg. . . . . XX. 13. 14.

(Sammlung d. k. k. Bergakademie in Přibram. Localität: Brassley, Yorkshire in England; Fig. 14. Artisia sp. aus Kl. Přilep, Böhmen.)

Die typische Art der Gattung! In den äusseren Merkmalen sehr variirend. Wenn mit der Kohlenrinde erhalten, ist die Oberfläche gewöhnlich ganz glatt, zuweilen aber auch mit dicken Ringwülsten versehen. Die letzteren sind dann auch wieder nicht selten mit mehr oder weniger dicken rundlichen Kretten besetzt. In der bei weitem gewöhnlicheren Erhaltung als Steinkern sind die Querfurchen mehr oder weniger weit abstehend. Die Zwischenräume zwischen je zwei Furchen erheben sich zuweilen zu stumpfen Rippen, welche in der Mitte eine scharfe scharfere vorkdene Längslinie tragen. Ebenso sind auch die Längsfurchen auf den Steinkernen mehr oder weniger deutlich und regelmässig. Übrigens sind die Stämme wie diejenigen der Calamiten nur im Sandstein und Thonsteinstein in der natürlichen walzenrunden Gestalt erhalten, im Schieferthon dagegen mehr oder weniger flach zusammengedrückt. (Roemer, Lethaea geognostica, p. 243.)

Cordaites *borassifolius* Sternbg. sp . . . . XIX, 4. 4 a. 5.

(Sammlung der k. k. Bergakademie in Příbram. Localität: Sizowkan in Böhmen. Fig. 5 Zbeschau, Mähren; 4 a Weiss, Aus der Flora d. Steinkohlenf. 115.)

Die grossen, gegen die Basis hin sich verschmälernden Blätter haben abwechselnd stärkere und schwächere, parallele Nerven. (Fig. 4 a Nervation vergrössert.)

Cordaites *principalis* Germ. sp . . . . XIX. 6. 6 a.

(Sammlung der k. k. Bergakademie in Příbram. Localität: Zbeschau in Mähren; Fig. 6 a aus Weiss. Aus der Flora der Steinkohlenf., Fig. 114 a.)

Die Blätter (meist nur Bruchstücke) sind breit und lang, oft durch Zerreissen der Länge nach zerschlitzt. Die Nerven sind gleich stark und in Streifen von je 4—6 gruppirt. (6 a Nervation vergrössert.)

Früchte.

Im Palaeolithicum kommen häufig Samen (Carpolithen) als Steinkerne und als solche mit kohligem Überzuge vor, die sich nur in Ausnahmsfällen mit dem Fruchtstande selbst vorfinden. Bis nun wurde noch nie die Pflanze mit dem Fruchtstande und den Früchten zusammen vorgefunden.

Alle Carpolithen, die eingehenden Untersuchungen unterzogen wurden, erwiesen sich ausnahmslos als Gymnospermen-Samen.

Inwieweit aber diese verschiedenartig bezeichneten Samen zu den Cordaiten oder anderen Gymnospermen-Gruppen angehören, lässt sich nicht mit Bestimmtheit erweisen.

Nachdem aber im Palaeolithicum die Gymnospermen fast nur von Cordaiten repräsentiert sind, so ist auch anzunehmen, dass viele dieser Fructificationsreste der Gattung Cordaites abstammen.

Trigonocarpus. Brongn.
XIX, 7—8.

Eiförmige mit 3 Längskanten versehene Früchte, welche am Ende zugespitzt, am Grunde abgestutzt und in der Mitte der Abstumpfungsfläche mit einer vom Fruchtstiel hinterlassenen Narbe versehen sind. Zwischen den drei Längskanten sind zuweilen noch mehrere andere schwächere Längsrippen vorhanden. (Roemer, Lethaea, p. 213.)

7*

Trigonocarpus *Noeggerathi* Brongn. . . . . . XIX. 8. 8 a. 8 b; 9.

(Weiss, Aus d. Fl. d. Steinkohlenf. Fig 147; Sammlung der k. k. Bergakademie in Přibram. Localität: Saarbrücken.)

Ellipsoidisch, mit 3 vorspringenden Leisten, sonst glatt. (Weiss, l. c.)

Trigonocarpus *postcarbonicus* Gümbel. . . . . . XIX. 7. 7 a.

(Geinitz, Dyas oder die Zechstei-form. u. d. Rothliegende, T. XXXIV Fig. 1. 2.)

Kleine, länglich-eirunde, mit 3 oder 6 starken Längsrippen versehene Früchte, welche an drei einen, den Scheitel bezeichnenden Ende schwach eingedrückt, an dem anderen Ende fast stumpf sind. (Geinitz, l. c. p. 147.)

Cardiocarpus Brongn.

XIX. 10—13; XX. 11.

Zusammengedrückte, breit ovale Früchte mit herzförmiger Basis und spätem Ende, welche aus einem äusseren Perikarpium (Fruchtwand, und einem inneren spitz ovalen Samen bestehen und mit einer kurzen heizenförmigen Anhaftungsstelle zwischen den Lappen der herzförmigen Basis an dem Fruchtstiel befestigt sind. (Roemer, Lethaea, p. 246.)

Cardiocarpus *Kühnsbergi* Gutb. . . . . XIX, 10. 11.

(Sammlung d. k. k. Bergakademie in Přibram. Localität: Stelzenajezd, Dubraken in Böhmen.)

Grosse, breite, flache, kreisrund-elliptische oder kreisrund-ovale Frucht mit breitgeflügeltem Rande, welche auf ihrer ganzen Oberfläche längsgestreift, an ihrer Basis etwas eingedrückt und mit einem Höcker zu ihrer Befestigung versehen ist, an ihrem oberen Ende aber in eine kurze vorspringende Ecke ausläuft. (Geinitz, Die Verstein. d. Steinkohlenf. in Sachsen, p. 39.)

Cardiocarpus *emarginatus* Brongn. . . . . XIX, 12. 13.

(Sammlung d. k. k. Bergakademie in Přibram. Localität: Stelzenajezd und Dubraken in Böhmen.)

Kreisförmig, am oberen Ende zugespitzt, an der Basis mehr oder weniger ausgerandet, breitgeflügelt; der Flügelrand an der Basis ausgeschweift. Der Same kreisrund, an der Basis ausgerundet, am oberen Ende kurz zugespitzt. (O. Feistmantel, Verstein. d. böhm. Kohlenablag., p. 47.)

Cardiocarpus *orbicularis* Ett. . . . . XX, 11.
<small>(Sammlung d. k. k. Bergakademie in Příbram. Localität: Steinaujrad.</small>

Die linsenförmig zusammengedrückte, dünnwandige Kapsel ist rundlich, an der Spitze etwas ausgerandet und enthält einen ähnlich geformten Samen. (Ettingshausen, Die Steinkohlenfl. von Stradonitz, p. 16.)

Rhabdocarpus, Göpp. u. Berg.
XIX. 14.

Eiförmige oder elliptisch-längliche Samen, welche ihrer Länge nach parallel-nervig oder sehr fein gestreift und mit einer (zuweilen losgetrennten) Fruchthülle bedeckt sind. (Geinitz, Verstein. d. Steinkohlenf. in Sachsen, p. 42.)

Rhabdocarpus *amygdalaeformis* Göpp. & Berg. . . . . . XIX. 14.
<small>(Sammlung der k. k. Bergakademie in Příbram. Localität: Dolmitzen in Böhmen.)</small>

Der eiförmige Same ist gleichmässig gewölbt, glatt und längs seiner Mitte mit einer erhabenen Linie versehen. Die Fruchthülle ist an ihrer Basis zugespitzt und in diese Spitze verläuft der Längskiel des Samens. Demselben entspricht auf der Innenseite der Fruchthülle eine mittlere Furche. (Geinitz, Verst. d. Steinkohlenf. in Sachsen, p. 42.)

Cyclocarpus, Fiedler.
XIX, 15—18.

Frucht mehr oder weniger kreisförmig, meist zusammengedrückt, aus Fruchthülle und gleichgestaltetem Samen bestehend. (Weiss, Foss. Fl. d. jüngsten Steinkohlenf., p. 207.)

Cyclocarpus *Cordai* Gein. sp. . . . . XIX, 15—18.
<small>(Geinitz, Die Verstein. d. Steinkohlenf., T. XXI, Fig. 7—10.)</small>

Herz-eiförmig, an der Basis stumpf, etwas eingedrückt, mit stumpfem oder etwas spitzem Wirtel, durch eine seitliche Linie gekielt. (Weiss, Foss. Fl. d. jüngsten Steinkohlenf., p. 207.)

Guilielmites, Gein.

XIX, 29, 29.

Palmenzapfenähnliche, kleine bis ziemlich grosse (Durchmesser wenige Millimeter bis 1 Decim.), platt gedrückte, mehr weniger kreisrunde bis elförmige Formen, deren Mitte oft vertieft, die Oberfläche radialgestreift oder auspolirt „verrutscht" erscheint. Diese Gebilde anorganischen Ursprunges dürften wohl nur Concretionen, „Thongallen" sein, wie wir sie in Schieferthonen auch jüngerer Formationen antreffen.

Die Sammlung der Přibramer Bergakademie besitzt einige Hundert dieser Gebilde von Dobraken bei Pilsen, von welchen viele mit den abgebildeten und verschieden benannten Guilielmites-Arten vollkommen übereinstimmen. In dem genannten Schieferthone kommen häufig auf einer und derselben Platte die mannigfaltigsten Zwischenformen vor, die jedermann sofort als Concretion anspricht.

Viele zeigen rauhe Oberfläche und lassen sich aus dem festen Schieferthon nicht leicht herauslösen, andere hingegen sitzen in einem leicht zersprengbaren, bröckligen Schieferthone. In letzterem Falle sind die verschiedenen Ausscheidungsformen oberflächlich geglättet, gestreift und fast immer am Rande zum Theil überschoben, wobei sie leicht aus dem umgebenden Gesteine mit Hinterlassung einer ebenfalls glatten, schalen- oder kelchartigen Vertiefung herausspringen, welche Erscheinung wohl nur als Folge einer Druckwirkung gedeutet werden kann.

Cycadaceae.

Pterophyllum, Brongn.

XX, 3.

Die Fiedern sitzen der Spindel seitlich mit der ganzen Basis an; sie sind bandförmig, gleich breit, abgerundet oder mehr minder abgestutzt, häufig durch einen schmalen Flügelraum mit einander verbunden, die mittleren gewöhnlich deutlich rechtwinkelig abstehend. Der Nervenverlauf ist geradlinig parallel, einfach oder gegabelt.

Vereinzelt im productiven Carbon und Rothliegend, häufig erst im Mesozoicum.

Pterophyllum *Cottaeanum* v. Gutb. . . . . XX, 3.

(Sammlung d. k. k. Bergakademie in Příbram. Localität: Zboschau in Mähren.)

Wedel fiederig. Fieder an der schmalen, gerinnten Spindel angewachsen, gleich breit. Nerven parallel, einfach oder an der Basis gegabelt. (Gutbier, Verst. des Rothliegenden in Sachsen, p. 21.)

Coniferae.

Walchia, Sternberg.
XX, 4—10.

Bäume von Araucarien-ähnlichem Aussehen, mit abstehenden zweizeiligen alternirenden Seitenästen, an diesen spiralig gestellte lineare, sichelförmige, dreikantige, gekielte Blätter, welche an der Basis etwas herablaufen; Zweige erster Ordnung mit aufrecht stehenden längeren Blättern. Zapfen eiförmig mit dachziegelig sich deckenden, zugespitzten, spiralig stehenden, nicht abfallenden Schuppen.

Eine für das „Rothliegende" charakteristische Gattung, welche habituell der Araucaria excelsa sehr nahe steht, deren Stellung jedoch, da weder die Blüthen noch die Zapfen genauer bekannt sind, fraglich bleibt. (Göttel Handbuch, p. 272.)

Die verbreitetste und typische Art ist

Walchia *piniformis* Sternbg . . . . XX, 4—8.

(Fig. 4. 5. Sammml. d. k. k. Bergakademie in Příbram. Local.: Lebach, Rheinpreussen; Fig. 6. Hermannseifen in Böhmen; Fig. 7, 8. Zboschau in Mähren.)

Die Zweige mit spiralgestellten Blättern, die theils kurz und eiförmig länglich sind und dann dachziegelförmig aufeinander liegen, Fig. 5, theils verlängert linearisch und sichelförmig gekrümmt sind und dann abstehen, Fig. 6.

Die Äste sind in der Regel zweizeilig gefiedert. (Roemer, Lethaea, 250.)

Das Original aus Hermannseifen, Fig. 6, zeigt einen eigenartigen Erhaltungszustand (Vererzung!).

Walchia *filiciformis* Schloth. sp . . . . XX, 9—10.

(Fig. 10, Sammlung d. k. k. Bergakademie. Localität: Nassauweiler, Rheinpreussen; Geinitz, Dyas XXXI, Fig. 1, 2.)

Die Zweige sind mit kurzen, sichelförmigen, an ihrer Basis breiten, am Ende hakenförmig zugespitzten Blättern versehen, welche fast senkrecht abstehen, während ihre Seite sich nach oben richtet.

Schützia, Geinitz.
XX, 12.

Aus einem fein längsgestreiften linearischen Schafte stehen zweireihig gegenüberstehend und alternirend auf fast rechtwinkelig abstehenden kurzen Stielen nach oben gerichtete aus übereinanderliegenden zahlreichen breit linearischen Schuppen gebildete und oben pinselförmig abgestutzte knospenförmige Köpfchen. (Roemer, Lethaea geognostica, p. 250.)

Schützia *anomala* Gein. . . . . XX, 12.

(Roemer, Lethaea geognostica, Atlas LIX, 1 a.)

Als Schützia anomala Gein. bezeichnen Geinitz und Göppert knospige Inflorescenzen, deren kurze seitliche Stiele dem Anschein nach mit körbähnlichen samenbergenden Involucren besetzt sind (Solms-Laubach, Einleit. in d. Palaeophytologie, p. 135.)

Register.

Geographische Verbreitung der palaeozoischen Leitpflanzen in den mitteleuropäischen Kohlenablagerungen.